1 먹을거리의 기본은 맛입니다. 몸에 좋은 먹을거리도 맛이 있어야 즐겁습니다.
살림로하스는 좋은 재료 자체의 맛을 살리는 최소한의 레시피로 건강한 맛을 추구합니다.

2 모든 먹을거리는 믿을 수 있는 재료로 만든 건강한 요리여야 합니다.
살림로하스의 모든 레시피는 몸에 좋지 않은 것은 아무것도 넣지 않아 걱정 없이 즐길 수 있습니다.

3 요리는 즐거워야 합니다. 레시피에 얽매이다 보면 요리가 어렵게 느껴집니다.
재료 중 준비하기 어려운 것은 비슷한 맛이 나는 것으로 대체하거나 넣지 않아도 무방합니다.
좋아하는 재료를 더 넣어도 좋습니다. 살림로하스의 레시피를 가이드라인으로 삼아 자기만의
요리 스타일을 살려 보세요. 단 요리 초보자라면 레시피대로 하는 것이 좋습니다.

4 이 책의 요리 재료는 모두 2인분을 기준으로 만들었습니다.

온 가족이 가뿐하게

저칼로리
고구마밥상
50가지

김외순

살림Life

에코人이 함께 만든 책!
먼저 읽어 봤어요!

곽남희 | 경기도 군포시 군포2동

고구마가 주재료로 쓰인 요리도 있고 부재료로 쓰이는 것도 있고 일품요리, 밑반찬 등 다양해서 좋네요. 주부, 그중에서도 고구마를 한꺼번에 많이 사놓고 처치 곤란한 사람들이 보면 좋겠어요. 아니면 고구마가 다이어트에도 좋다니 다이어트를 생각하는 사람들에게도 좋을 것 같아요.

권혜련 | 서울 송파구 풍납1동

단순한 구황작물이라고 생각하는 고구마가 다양한 요리에 이용되며 그 맛과 효능도 뛰어나다는 것을 알 수 있었습니다. 구워먹거나 쪄먹는 용도로만 생각할 수 있는 고구마가 정말 화려하게 변신하여 우리의 식탁을 풍성하게 하고 우리의 건강을 한층 업시킨다는 것을 알게 되었어요.

남효 | 전북 전주시 덕진구 동산동

'간식'에 불과(?)하던 고구마의 다양한 변신을 다룬 책입니다. 반찬으로 활용한다는 생각은 전혀 못했는데 도움이 되네요. 고구마만 전문적으로 다루어 요리책임과 동시에 정보집으로서의 역할을 톡톡히 한다고 생각합니다. 고구마와 건강, 고구마와 미용 등 고구마와 관련된 정보도 마음에 들었습니다.

최혜선 | 서울시 노원구 공릉2동

몸에 좋은 고구마를 다양하게 즐길 수 있는 방법을 알 수 있어 좋았습니다. 고구마로 할 수 있는 요리들의 레시피도 훌륭했지만 건강하게 살기 위한 생활방식, 먹는 방식에 대해 생각하게 하는 원고라 일반 요리책과는 차별성이 있습니다. 처음에 이 원고를 소개할 때 한 상자 사놓은 고구마를 어떻게 처치할까 고민하고 있지 않냐는 말씀을 하셨는데 그 말이 저에게는 아주 공감이 되네요.

이희정 | 경기도 용인시 수지구 죽전동

고구마의 종류별 설명이 재미있었고 보관법이라든가 요리 중 다른 재료의 영양성분이나 조리법의 팁 등 유용한 내용이 많아 좋았습니다. 개인적으로는 일품요리보다 간식 쪽이 더 맛있고 재미있어 보였어요. 간단한 찜이나 구이도 더 맛있게 하는 요리법이 있지 않을까요? 그런 부분도 들어가면 좋을 것 같아요.

※ 「살림로하스」 원고 모니터링에 참여해 주신 한살림, 파주두레생협, 마포두레생협 조합원 100여 분께 감사드립니다.

굽고 찌는 것 말고
색다르게 즐길 수 있는 방법은 없을까?

고구마를 떠올리면 어릴 때 먹던 빼떼기, 쫄떼기가 생각납니다. 경상도 말로 빼떼기는 생고구마를 말린 것이에요. 쫄떼기는 고구마를 삶아서 말린 것이고요. 빼떼기는 죽을 쑤어 먹을 때 넣어 먹었던 기억이 있고 쫄떼기는 그 자체로 그냥 즐겼어요. 쫄깃하면서 달짝지근한 맛이 일품이지요. 고향 냄새 같기도 하고 엄마의 맛 같기도 한 빼떼기와 쫄떼기는 고구마 철이 돌아올 때마다 아련한 추억과 함께 생각나는 이름입니다.

고구마 하나만 있으면 여느 간식이 부럽지 않았던 시절이 있었습니다. 시골에 사시는 할머니께서는 어린 손녀가 좋아하는 고구마를 항상 선물보따리처럼 싸갖고 오셨는데, 그때마다 어찌나 기뻤는지 모릅니다. 이제 그 조그만 손녀가 엄마가 되어 어릴 때 먹던 맛있는 고구마 간식을 아이들에게 해 주고 있습니다.

고구마는 달콤하면서도 담백한 맛이 나서 남녀노소 누구나 좋아하는 식재료입니다. 특히 포만감이 커서 다이어트 음식으로도 좋고 탄수화물과 칼슘이 풍부해 성장기 아이간식으로도 그만입니다. 예전부터 고구마는 찌거나 구워 동치미나 김치와 곁들여 즐겼지만 이밖에도 김치를 담그거나 반찬, 일품요리, 간식 등 다양하게 즐길 수 있는 방법이 있습니다. 조리법이나 함께 넣는 재료에 따라 맛과 영양이 달라지기도 합니다.

고구마는 맛도 맛이지만 영양도 풍부합니다. 비장과 위를 튼튼하게 하고 혈액의 흐름을 원활하게 해서 몸을 따뜻하게 하며 오장을 튼튼하게, 면역력도 좋아지게 하는 효능이 있습니다. 또한 각종 당을 비롯해 비타민B군, 카로틴, 미네랄이 풍부해서 허약체질 개선에도 좋고 비타민E가 풍부해 노화방지 효과도 있습니다.

요리를 업으로 하기 때문인지 새로운 식자재를 보면 이것저것 만들어 보게 됩니다. 물론 고구마는 친숙한 먹을거리이지만 찌고 굽는 것 외에 다양하게 즐길 수 있는 방법이 없는지 궁금해 이것저것 만들어 보곤 했습니다. 어릴 적 먹던 고구마 간식을 만들어 보기도 했고, 온가족이 즐길 만한 건강식도 연구해 보았지요. 이 책은 이렇게 만들어 본 고구마 요리를 집대성한 것입니다.

고구마 요리를 하면서 항상 염두에 두었던 것은 고구마의 영양이나 특성을 살리는 것이었습니다. 맛만 내는 것이 아니라 본래 식품이 가진 영양을 그대로 살려 몸에 좋은 음식을 만들기 위함입니다. 최근에는 고구마의 색깔도 다양해져서 조금만 응용하면 색다른 요리를 즐기는 것도 훨씬 쉬워졌습니다. 혹시 한 상자 가득 담긴 고구마를 사놓고 "싹이 나기 전에 어떻게든 처치해야 하는데……." 하고 고민하고 있나요? 이 책을 통해 밥반찬으로, 일품요리로, 별미 간식으로 다양하게 즐겨보지 않으시렵니까? 작은 고구마 하나로 생활에 에너지와 영양을 더하기 바랍니다.

김 외 순

한눈에 보는 레시피

고구마의 화려한 변신, 일품요리

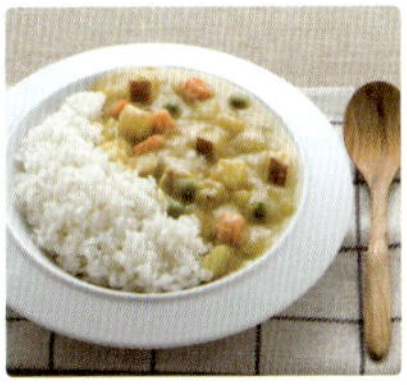

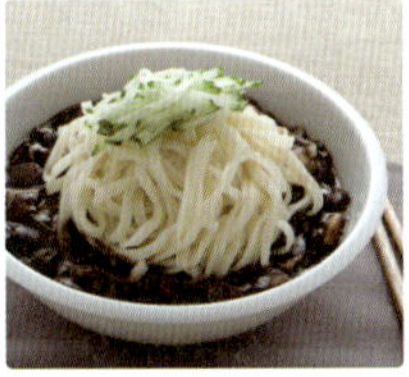

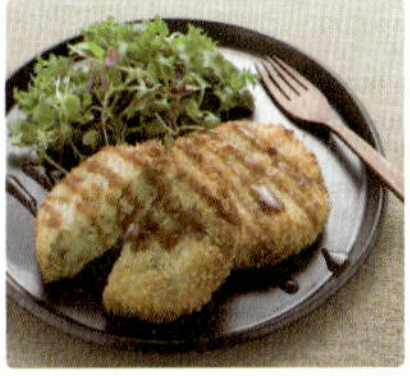

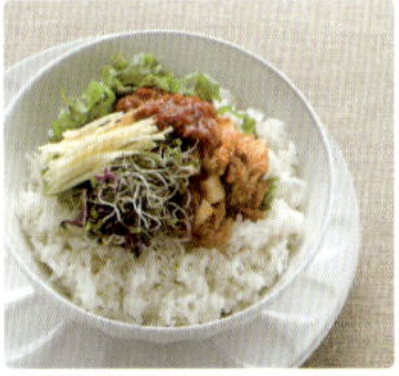

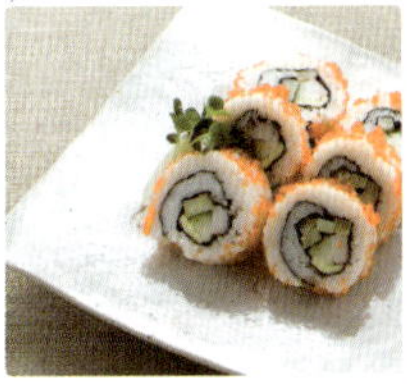

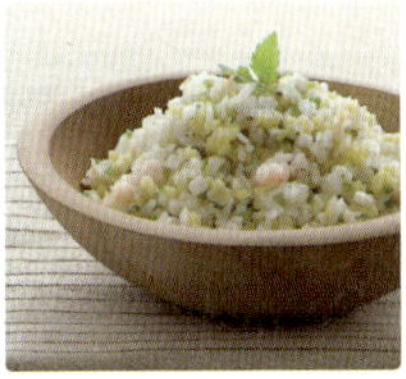

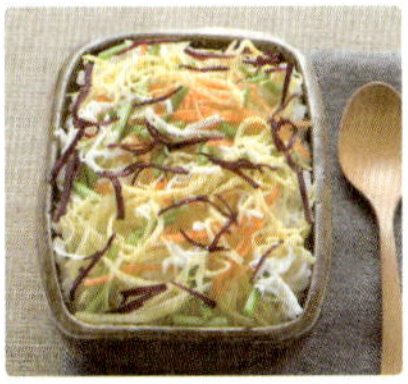

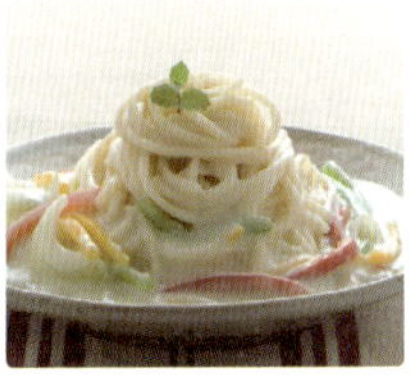

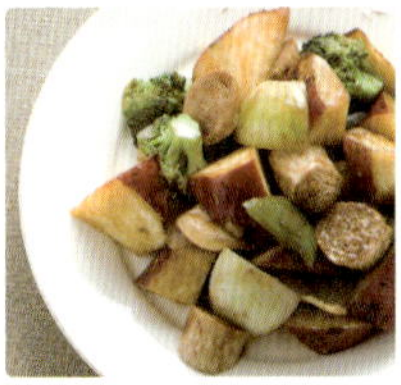

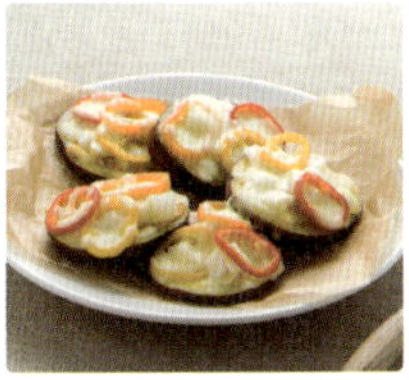

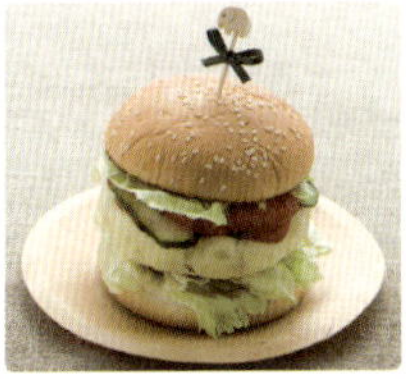

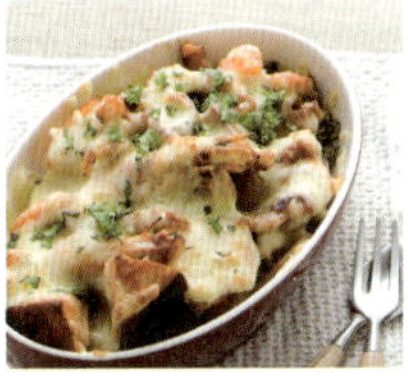

아이들이 좋아하는 고구마 음료&간식

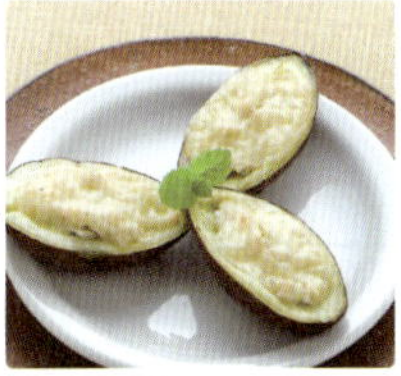

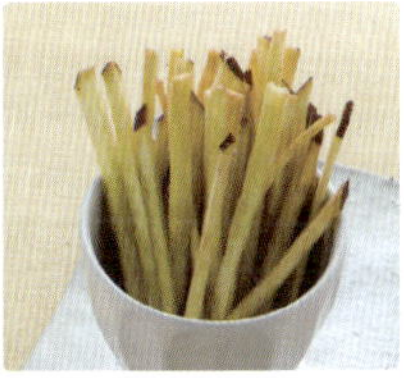

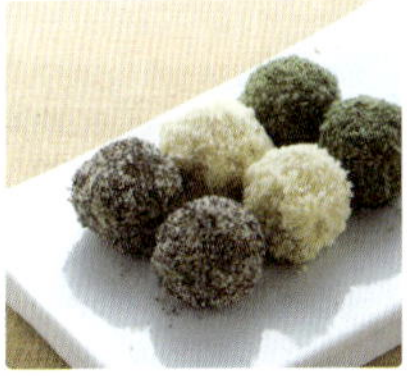

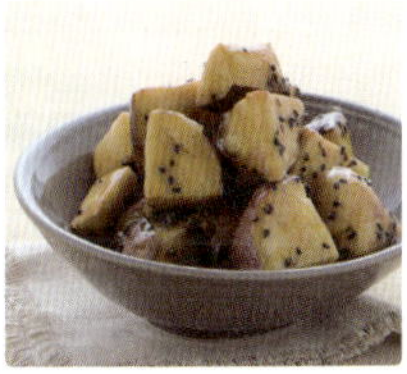

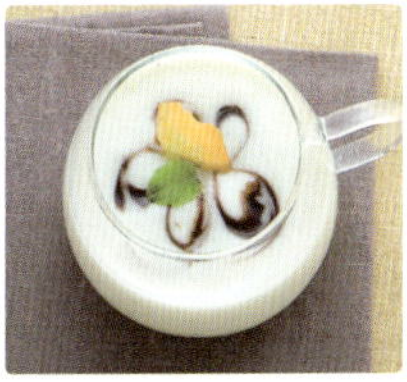

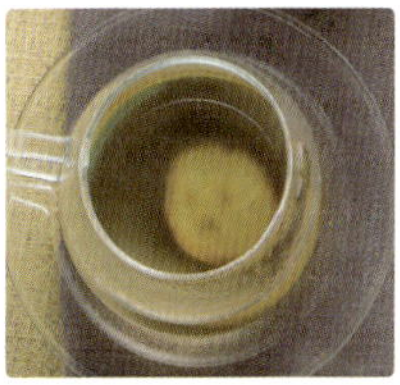

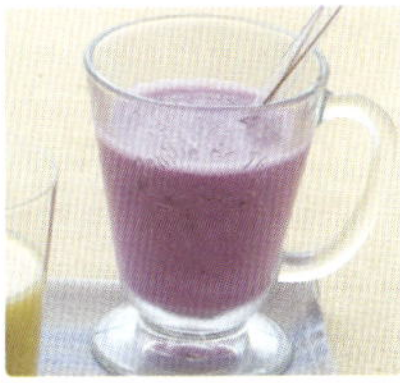

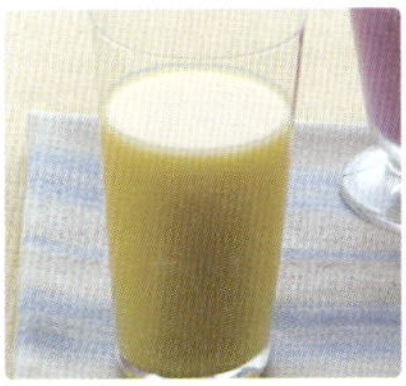

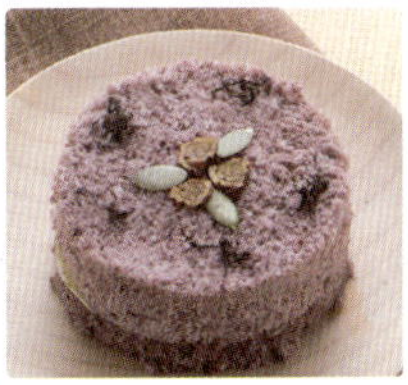

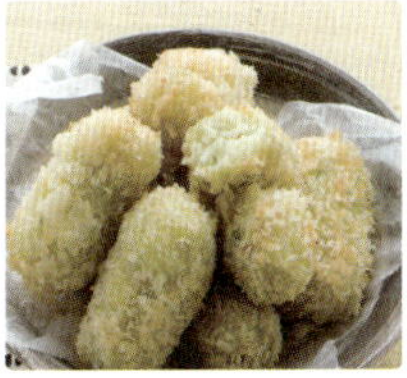

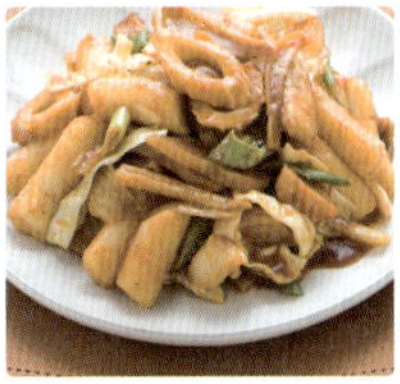

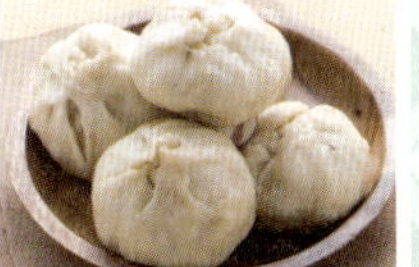

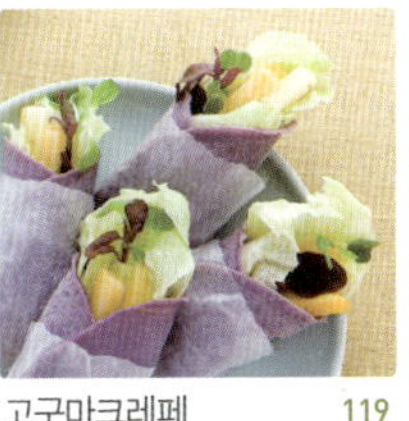

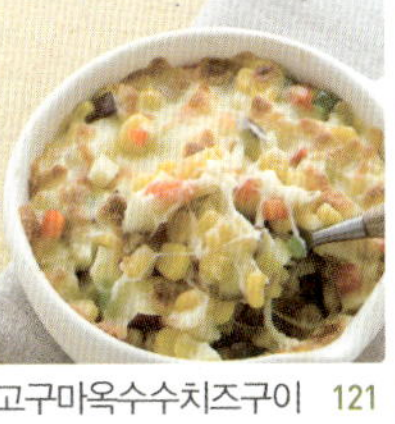

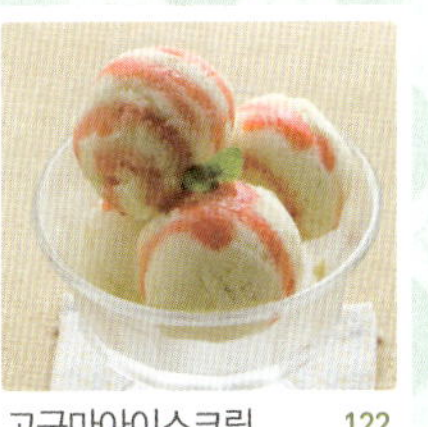

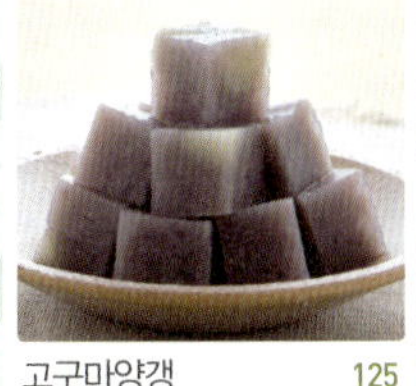

Contents

차 례

CHAPTER 01

몸에 좋은 고구마

구워 먹고 삶아 먹는 친근한 식재료 고구마.
담백한 단맛에 탄수화물, 칼륨, 칼슘, 무기질, 비타민이 풍부해 남녀노소 누구나 좋아한다.
조리법이나 함께 넣는 재료에 변화를 주면
반찬, 일품요리, 간식으로 다양하고 화려하게 변신시킬 수 있다.

먹을수록 건강지수가 쑥쑥

고구마는 포만감이 커 다이어트에도 좋고, 탄수화물과 칼슘이 풍부해 성장기 간식으로도 좋다. 가족의 건강지수를 올리는 고구마의 영양과 효능은 어떤 것이 있을까?

고구마는 대부분 탄수화물로 이루어져 있고 그중 녹말이 20퍼센트로 가장 많다. 이 밖에 포도당, 과당의 함량이 많아서 단맛이 많고, 칼륨, 칼슘이 풍부하다. 식이섬유도 풍부해 변비 해소에 도움을 주고 포만감이 커 다이어트를 하는 사람에게 여러 모로 좋은 식품. 반면, 단백질은 1.1퍼센트 정도로 적으므로 고단백질 식품과 함께 먹는 게 좋다. 고구마에 함유된 비타민C는 전분질에 싸여 있어서 열에 잘 파괴되지 않아 찌거나 굽는 다양한 조리법으로 즐길 수 있다.

항암 작용 | 자색고구마에는 폴리페놀계 화합물인 안토시안 색소가 풍부해 강력한 항산화 작용을 하며 간 기능을 원활하게 한다. 호박고구마라 불리는 황색종의 경우 항산화 물질인 베타카로틴이 항암 작용을 하고 심혈관계 질병에도 효과적이다.

변비 예방 | 고구마에 많은 식이섬유는 장의 연동운동을 원활하게 해서 장내 노폐물을 신속하게 체외로 배출해 준다. 고구마를 자르면 보이는 하얀 액체는 얄라핀이라는 성분으로 열에도 강한데 장내에서 변을 무르게 하는 작용이 있어 변비에 효과적이다.

허약 체질 개선과 노화 방지 | 한방에서 고구마는 비장과 위를 튼튼하게 하고 혈액의 흐름을 원활하게 해서 몸을 따뜻하게 하는 식품이고, 오장을 튼튼하게 하고, 면역력도 좋아지게 하는 효능이 있다고 한다. 고구마에는 각종 당을 비롯해 비타민B군, 카로틴, 미네랄이 풍부해서 허약 체질 개선에도 좋은 식품. 풍부한 비타민E와 베타카로틴이 노화도 방지한다.

칼륨, 칼슘이 많은 알칼리 식품 | 고구마에 많은 칼륨은 나트륨의 섭취를 낮춰 혈압을 낮추고, 체내 혈액순환에 도움을 준다. 또 사람의 뼈나 골격, 이를 형성하고 체내 대사 조절에 꼭 필요한 칼슘도 풍부해 성장기 아이들이나 골다공증 예방에 좋다.

고구마 언제부터 먹었을까?

고구마의 원산지는 중앙아메리카로 전해진다. 기원전 3000년 전부터 재배되었으며, 기원전 2000년경에 남아메리카로 전해졌다고 한다. 콜럼버스가 신대륙을 발견하면서 에스파냐에 전해지고, 유럽에 퍼지게 되었다. 그 뒤 필리핀과 중국의 푸첸성을 통해 아시아에 전해져 지금은 유럽보다 아시아, 남아메리카, 아프리카에서 더 많이 재배한다.

고구마가 유럽, 동남아시아, 중국을 거쳐 일본에 전해진 것은 1615년경. 조선왕조실록에 의하면 1663년 몇몇 백성이 지금의 오키나와 지역인 유구에 표착해 껍질이 붉고 살이 희며 맛이 마와 같은 식품을 먹었다는 기록이 있다.

본격적으로 일본에서 우리나라에 수입된 것은 1760년경으로 본다. 참봉 이광려가 중국의 『농정전서』라는 책을 보고 고구마야말로 백성의 작물이라 여겨 여러 방면으로 구하던 중 일본에 통신사로 갔던 조엄에게 부탁해 대마도에서 씨고구마를 구해 부산진으로 들여온 것이 처음이다. 그때는 고구마를 '감저(甘藷)'라고 불렀고, 조엄이 들여왔다고 해서 '조저(趙藷)'라고도 불렀다. 또 고구마의 어원은 일본어의 '고코이모'에서 유래한다.

고구마는 더운 곳에서 자라는 작물이라 실패를 거듭한 끝에 동래 지사 강필려에 의해 동래에서 처음으로 재배에 성공하였다. 농학자 김장순은 전라도 보성에서 고구마 재배를 하던 선종한을 만나 서울에서 고구마를 재배하는데 성공하였다. 구황작물로 백성에게 많은 도움을 주는 것을 보고 조선 후기 실학자 박제가는 왕실에서 고구마 재배를 하도록 상서를 올리기도 하였다.

일제 강점기에 전국적으로 재배하는 작물이 되었고, 일본의 근대 품종 개량에 의해 농가에 널리 확산되었다.

고구마 농부도 보기 힘든 고구마 꽃

고구마는 땅을 따라 줄기가 옆으로 뻗으면서 줄기 밑으로 뿌리를 내리는데 이 뿌리가 땅 속에서 덩이진 것이 고구마이다. 또 끝에 잎이 한 장씩 달리는 긴 잎자루를 떼어 나물로 먹는 것을 고구마줄기라고 부른다. 나팔꽃을 닮은 꽃이 피지만 열대 식물이라 우리나라에서는 아주 더운 해에만 드물게 볼 수 있다. 재배할 때도 씨를 받아 심지 않고 줄기를 잘라 번식시키거나 고구마를 잘라 심어 싹을 틔운다.

고구마와 닮은 듯 다른 감자

메꽃과 식물인 고구마와 달리 감자는 가지과의 식물. 고구마가 덩이뿌리인 반면 감자는 줄기의 일부인 덩이줄기이다. 온대식물인 감자는 우리나라에서 꽃을 쉽게 볼 수 있는데 흰 꽃이 피면 흰 감자가 달리고 자주 꽃이 피면 자주감자가 달린다.

종류에 따라 달라지는
고구마 영양지수

고구마는 종류에 따라 색깔이나 질감, 맛이 다르고,
조리법과 보관 기간도 달라진다.
품종이 다양해져 골라 먹는 재미가 있는
고구마 선택법에 대해 알아보자.

물고구마 | 수분이 많아 붙은 이름으로 점질 고구마라고도 한다. 재래종 물고구마는 껍질이 연갈색이고 속이 노란 것이 특징인데, 요즘은 연붉은색을 띠면서 길쭉한 물고구마도 있다. 밤고구마와 같은 품종이라도 흙 속에 수분이 70퍼센트 이상인 곳에서 자라거나, 오래 저장하여 전분이 당질로 변하면 물고구마가 된다. 쪄서 말리면 쫀득해져 반찬이나 간식으로 만들어 먹는다. 속살이 연해서 생으로 먹기 좋으며, 겨울에 군고구마로 많이 먹는다. 익히면 밤고구마보다 단맛이 훨씬 강하다. 주스, 소스, 피자에 넣으면 맛이 좋다.

밤고구마 | 껍질이 연붉은색, 또는 연자주색을 띠면서 속은 노란 것이 특징. 모양은 둥글고, 건조한 땅에서 자라 찌거나 구웠을 때 수분이 별로 없고 가루가 많아서 분질 고구마라고도 한다. 밤고구마의 껍질에는 비타민A와 E가 풍부해서 성인병 예방에 좋기 때문에 껍질째 먹는 것이 좋고, 날로 먹기에는 딱딱해서 익혀 먹는 것이 좋다. 밤고구마는 수분이 적어서 다른 고구마에 비해서 저장성이 우수하다.

호박고구마 | 껍질은 연붉은색이고 속은 주황색에 가깝다. 물고구마와 호박을 접붙여서 만든 신품종으로 다른 고구마 종류에 비해 작으면서 길쭉한 것이 특징. 속살이 연해서 그냥 먹기에도 좋고, 굽거나 쪄서 먹으면 속이 노랗게 된다. 호박고구마는 비타민A, C, E가 풍부하고 익혀도 영양분의 파괴가 거의 없다. 단맛도 다른 고구마보다 뛰어나다. 샐러드나 김치, 생채로 생으로 먹어도 좋고 국수, 수제비, 빵, 과자에 다양하게 활용할 수 있다. 호박고구마는 밤고구마보다 당분이 많아 오래 보관하기 어렵기 때문에 빠른 시일 내에 먹는 것이 좋다.

자색고구마 | 보라색고구마라고도 한다. 껍질이 연붉은색이면서 속살도 보라색이다. 외국에서 생산되는 자색고구마 중에는 껍질이 연갈색을 띠면서 속살은 적자색에 가까운 것도 있다. 안토시안 색소가 3.8퍼센트나 함유되어 항산화 효과가 매우 뛰어나고, 동맥경화, 간질환에 효과가 좋다. 그냥 먹기엔 단맛이 적어서 주스, 막걸리, 가루 등의 가공품으로 많이 개발되는데, 우리나라에는 아직 많이 재배되지 않아 가격이 비싼 편. 자색고구마 가루는 떡, 국수, 빵, 과자, 아이스크림 등에 천연 색소로 다양하게 활용된다.

고구마 잘 고르고 잘 보관하려면

고를 때 — 상처가 없이 껍질에 윤기가 있고 색이 짙으면서 만졌을 때 단단한 것, 양끝이 마르지 않고 무거운 것이 좋다. 너무 긴 것보다는 둥근 것으로 고른다. 잘라 봐서 속에 수분이 충분히 있고 하얀색의 진액이 많이 나오는 것이 수확한 지 얼마 되지 않는 것이다. 먹어 봐서 단맛이 많이 나는 것으로 고른다.

보관할 때 — 해가 들지 않고 바람이 잘 통하면서 습기가 적은 곳에서 보관해야 한다. 고구마의 수확 시기는 보통 8~10월경으로 주로 겨울에 많이 먹지만 요즘은 거의 사철 구입할 수 있다. 제철에 난 고구마를 구입해서 보관할 때 저장 온도는 15도 정도로 일정한 것이 좋다. 겨울에는 냉장고보다 집안에서 상온 보관하는 것이 좋다. 박스에 구멍을 뚫거나, 통풍이 잘 되는 채반이나 구멍 뚫린 통에 담아서 서로 부딪히지 않도록 한 다음 검은 천이나 신문지를 깔아서 보관한다.

오래 두면 검은 반점이 생기고 딱딱해지는 경우가 있는데 맛이 쓰고 독성이 있으니 먹지 않는다.

양이 많으면 삶거나 쪄서 냉동 보관하거나 껍질을 벗기고 말려서 보관하면 된다. 말린 후 빻아서 가루로 만들어 보관해 두면 떡이나 죽 등 다양한 요리에 활용할 수 있다.

고구마, 영양 더하기

서로 궁합이 맞는 식재료는 영양의 균형을 맞추어 주고, 맛도 더욱 풍부해진다.
풍성한 식탁을 차릴 수 있는 고구마에 잘 어울리는 재료들은 어떤 것이 있는지 살펴보자.

소화가 잘되는 고단백 식품

고구마와 같이 먹으면 좋은 것은 돼지고기, 콩류, 달걀, 치즈 같은 소화가 잘 되는 고단백 식품. 조리할 때 너무 맵거나 자극적으로 조리하지 않아야 위에 부담도 없고 소화도 잘된다.

반면 소고기와는 궁합이 좋지 않다. 소고기는 단백질의 구성이 견고해 위산이 많이 나오고 위에 머무는 시간도 길지만 고구마는 위산도 많이 나오지 않고 위에 머무는 시간도 짧은 편. 이런 두 음식을 같이 먹으면 필요한 위산의 농도가 달라서 소화도 잘 되지 않고, 위에 체류하는 시간도 길어져서 장내 흡수가 더디다.

기름에 볶으면 영양만점

고구마는 카로틴이 풍부해 기름으로 조리하면 영양의 흡수가 훨씬 좋아지는데 그중에서도 불포화 지방산이 많은 들기름, 유채기름을 쓰는 게 좋다. 들기름으로 조리하면 단맛이 나서 고구마와 잘 어울린다. 고구마를 볶을 때 포도씨오일로 볶다가 마지막에 들기름을 넣어서 향을 내 주거나, 들깨가루를 넣어도 좋다. 튀김이나 전을 할 때는 포도씨오일을 이용한다.

톡 쏘는 김치

목이 메기 쉬운 고구마를 먹을 때 탄산이 나오는 김치를 곁들이면 간도 더하고 넘기기도 좋고 소화도 잘 된다. 매운 김치도 좋지만 겨울에는 무로 만든 동치미와 동치미 국물을 고구마와 함께 먹으면 맛도 궁합도 그만이다.

펙틴이 풍부한 사과

고구마의 식이섬유는 소화효소로 분해되지 않고 대장까지 가서야 활발한 장운동으로 발효되면서 가스를 발생한다. 또 고구마의 성분인 아마이드는 장내에서 이상 발효를 일으켜 방귀를 많이 만든다. 고구마를 먹으면서 가스가 차는 것을 줄이려면 펙틴이 풍부한 사과와 함께 먹는 게 좋다. 사과의 펙틴은 장벽에 보호막을 형성하여 장 안의 이상발효를 막아 주는 역할을 한다.

다양한 요리를 만들어 주는 우유와 두유

우유와 두유는 고구마에 없는 단백질과 지방이 풍부하고, 고구마에는 탄수화물과 비타민이 풍부한데다 같이 먹으면 소화도 더 잘되고 목이 메지 않게 즐길 수 있다. 함께 요리하면 풍부한 맛도 내고 농도도 조절할 수 있어 고구마 요리에 다양하게 활용할 수 있다.

한 끼 든든 고구마 밥상

고구마는 포만감이 커 체중 감량이나 몸매 유지에 매우 좋은 식품.
밥 대신 먹으면 건강에도 좋고,
다양한 맛을 즐길 수 있어 입맛도 살릴 수 있다.
밥으로, 국수로, 죽으로. 다양한 고구마 요리로 한 끼를 든든히 해 보자.

고구마밥

고구마는 껍질째 먹는 게 좋다. 껍질이 목이 메는 것도 막아 주지만
비타민A, C, D, E와 무기질이 풍부하고 안토시안 색소가 있어 항산화 효과도 볼 수 있다.

1 고구마는 깨끗하게 씻어서 잔털을 없앤 다음 사방 1센티미터로 썬다.

2 냄비에 불린 쌀과 고구마, 물을 넣어 밥을 안치고 센 불에서 끓인 후
약한 불로 줄여 밥물이 거의 없어지도록 가열한다.

3 물이 거의 없어지고 밥알이 냄비에 붙는 소리가 나면 불을 세게 해서
20초간 가열한 다음 불을 끄고 10분간 뜸 들인다.

재료

고구마	1개
불린 쌀	1과 1/2컵
물	1과 3/4컵

전분은 없애야 깔끔

고구마를 썰면 칼에 하얗게 전분 입자가 묻어 나오는 게 보인다. 고구마 단면의 전분이 타지 않게 썬 고구마를 씻어서
전분을 없앤 다음 조리해야 음식이 깨끗하고 텁텁하지 않다. 전기밥솥이나 냄비에 안칠 때는 불린 쌀 기준으로 밥물을
잡고 압력솥에 안칠 경우에는 불리지 않은 쌀로 밥물을 맞춘다.

고구마찰주먹밥

다져서 볶은 고구마로 맛을 낸 찹쌀 주먹밥. 속이 차거나 설사를 자주 하는 사람에게는 찹쌀밥이 좋다.
찹쌀은 영양소의 불균형을 조절해 주고, 뼈를 튼튼하게 한다.
비타민B군인 나이아신, 티아민이 일반 쌀보다 두세 배씩 더 많다.

1 고구마는 깨끗하게 씻은 다음 잘게 다지고 물에 한 번 헹군다.
2 팬에 다진 고구마와 물, 포도씨오일을 2작은술을 넣어서
  물이 거의 없어질 때까지 볶다가 소금 1/3작은술을 넣는다.
3 김이 오른 찜통에 면포를 깔고 불린 찹쌀을 넣어서 30분간 찐 다음
  물을 1컵 뿌려서 잘 섞고 30분간 더 찐다.
4 찐 찹쌀과 볶은 고구마를 섞은 다음 소금, 참기름, 남은 포도씨오일을 넣고
  버무린 후 손으로 뭉쳐 삼각형 모양으로 주먹밥을 만든다.
5 김은 1센티미터 폭으로 길게 자른 다음 주먹밥에 두른다.

재료

고구마	1/2개
불린 찹쌀	2컵
김	1장
소금	약간
참기름	1/2작은술
포도씨오일	1큰술
물	1/2컵

참기름과 포도씨오일을 섞어서

참기름만 넣으면 색이 검어지면서 쓴 맛이 나지만
포도씨오일과 섞어 넣으면 고소한 참기름의 향을
오히려 더 돋울 수 있다.

고구마영양솥밥

갖은 재료를 넣어 영양의 균형을 맞추는 영양솥밥이다.
돌솥에 밥을 하면 맛은 물론 재료의 영양을 그대로 살릴 수 있다.
카로틴이 풍부한 당근과 단백질이 풍부한 검은콩, 완두콩을 더했다.

재료

고구마	1개
당근	1/6개
검은콩	1큰술
완두콩	2큰술
불린 쌀	1과 1/2컵
물	1과 2/3컵

양념간장

간장	3큰술
다진 마늘	1작은술
다진 파	1/2큰술
고춧가루	1/2큰술
통깨	1/2큰술
참기름	1작은술

1 고구마는 깨끗하게 씻어서 사방 2센티미터 크기로, 당근은 1센티미터 크기로 깍둑썰기 한다.

2 검은콩은 네 시간 정도 불린 다음 2/3만 익을 만큼 삶고, 완두콩도 삶아서 찬물에 한 번 헹군다.

3 돌솥에 불린 쌀을 넣고 고구마, 검은콩, 당근을 얹은 다음 물을 붓고 안쳐서 중간 불에서 밥물이 2/3 정도로 줄면 불을 약하게 한다.

4 밥에 완두콩을 넣은 다음 뚜껑을 닫고 뚜껑 손잡이가 뜨거워지고 김이 거의 나지 않으면 센 불에서 20초간 가열한 다음 불을 끈다.

5 10분간 뜸을 들이고, 분량의 재료로 양념간장을 만들어 곁들인다.

돌솥 오래 쓰는 노하우

돌솥을 처음 사용할 때는 소금물에 삶아서 돌의 강도를 높여 주자. 조리하기 전에 기름을 한 번 먹이면 오래 사용해도 잘 깨지지 않는다. 돌솥이 뜨거울 때 찬물에 넣으면 금이 가기 마련. 되도록이면 찬물에 넣지 않는다.

재료

고구마	1/2개
당근	1/5개
양파	1/4개
대파	1/4대
멸치	5마리
다진 마늘	1/2큰술
간장	1/2작은술
소금	약간
물	4컵

수제비 반죽

밀가루	1과 1/2컵
소금	1/3작은술
물	1/2컵

1 분량의 수제비 반죽 재료를 섞어 반죽을 하고 비닐봉지에 싸서 냉장고에 30분간 보관한다.

2 고구마와 당근은 씻어서 반달 모양으로 썬다. 양파는 채 썰고, 대파는 어슷하게 썬다.

3 멸치는 머리와 내장을 떼어 내고 마른 팬에 볶은 후 식혔다가 냄비에 멸치와 물을 넣고 거품이 날 정도로 끓인 후 불을 끄고 우린다.

4 멸치를 건져 낸 국물에 고구마를 넣어서 끓인 후 수제비 반죽을 얇게 떼어 넣고 다시 끓을 때 당근을 넣는다.

5 마늘과 간장, 소금을 넣어서 간하고, 대파와 양파를 넣어서 마무리한다.

🍴 쫄깃한 수제비의 비밀

밀가루 반죽을 냉장고에서 숙성시켰다 수제비를 끓이면 잘 붇지 않고 다 먹을 때까지 쫄깃함이 유지된다. 반죽의 냉기와 뜨거운 육수의 온도차에 밀단백질이 수축되기 때문.

고구마수제비

멸치의 구수한 맛이 고구마와 만나서 시원하면서 담백한 국물 맛을 낸다.
멸치는 단백질과 칼슘이 풍부하고, 천연 DHA와 EPA가 있어 성장기 아이들의 지능 발달에 좋은 식품이다.
이 레시피는 신장이 약하거나 양기가 부족한 사람에게도 권할만 하다.

고구마호박칼국수

애호박에는 비타민C와 E가 풍부하고 열량과 당질의 함량이 다른 채소에 비해 높다.
또한 애호박에 함유된 아연은 저항력을 높여 주고
망간도 많아서 성장 촉진, 골격 발달, 생식기능 향상에도 좋다.

1 분량의 고구마와 물, 소금을 넣어서 믹서에 간 다음 밀가루와 반죽해서 냉장고에서 30분간 숙성시킨다.

2 애호박은 채 썰고, 대파와 고추는 어슷하게 썬다.

3 고구마칼국수 반죽을 꺼내 밀대로 밀어서 얇게 편 다음 0.3센티미터 폭으로 썬다.

4 냄비에 물을 붓고 새우가루를 넣고 끓인 후 썰어 둔 칼국수를 넣어 삶다가 애호박을 넣고 소금으로 간을 맞춘다.

5 대파, 고추, 마늘을 넣어서 한 번 더 끓인 후 그릇에 담고 깨소금과 참기름을 뿌려서 낸다.

 **고구마로 반죽 만들 때**

고구마를 생으로 갈아서 반죽에 넣으면 갈변될 수 있으니 소금이나 식초를 넣고 간다.
고구마를 익혀서 반죽해도 되는데 식히면 반죽의 쫄깃함이 줄어들기 때문에
고구마가 뜨거울 때 바로 익반죽하는 것이 좋다.

재료

애호박	1/4개
대파	1/4개
붉은 고추	1개
다진 마늘	1작은술
새우가루	1작은술
소금	약간
깨소금	1큰술
참기름	1/2큰술
물	4컵

고구마칼국수 반죽

고구마	1/2개
밀가루	1과 1/2컵
물	1/2컵
소금	1/3작은술

1 고구마는 삶아서 식힌 다음 믹서에 고추장, 식초, 조청, 간장, 설탕, 다시마 우린 물과 같이 넣고 곱게 갈고 기호에 맞게 소금으로 간을 한다.

2 오이는 곱게 채 썰고 사과도 껍질을 벗기고 채 썬다.

3 국수는 끓는 물에 소금을 조금 넣어서 삶는다. 국수가 끓어 오르면 찬물 1/2 컵 붓는 것을 두 번 반복한다.

4 물기를 잘 털어 낸 국수에 비빔소스를 잘 비빈 후 그릇에 담고 오이와 사과 를 올려 낸다.

쫄깃하고 탄력 있는 면발

국수처럼 전분이 많은 면은 삶은 다음 미끈거리지 않도록 깨끗하게 씻어야 텁 텁하지 않고 깔끔한 맛이 난다. 면을 쫄깃하면서 탄력 있게 하려면 마지막에 아주 찬물이나 얼음물에 헹군다.

재료

국수	140g
오이	1/4개
사과	1/4개

고구마 비빔소스

고구마	1/4개
고추장	3큰술
식초	5큰술
조청	2큰술
설탕	1작은술
간장	1/2작은술
다시마 우린 물	2/3컵
소금	약간

고구마비빔국수

비빔국수는 국수와 오이의 찬 성질을 보충해 주기 위해
열이 많이 나는 고추장으로 음양의 조화를 맞추는 음식이다.
사과와 오이, 고구마의 맛이 고추장의 매운맛을 부드럽게 하여 국수의 맛을 살려 준다.

말린고구마죽

해가 잘 드는 곳에서 말린 고구마는 생고구마보다 비타민E의 함량
이 높다. 고구마죽에 콩과 찹쌀을 더해 단백질 함량을 높이고 농도
도 맞춘다.

1 말린 고구마는 손으로 2센티미터 크기로 자른 다음 끓는 물에 넣는다.

2 울타리콩은 씻어서 물이 다시 끓을 때 넣고 푹 퍼질 정도로 약한 불에서 끓인다.

3 설탕과 소금을 넣고 찹쌀가루 2큰술을 물 4큰술에 풀어 넣어 고구마죽의 농도를 맞춘다.

고구마 말리기

물고구마는 말리는 데 시간이 오래 걸리지만 쫀득해서 조림이나 볶음에 쓰기 좋다. 밤고구마는 금방 마르며 말린 다음
보관도 쉬워 간편하게 말려 죽을 끓이기에 좋다. 물기 없이 썰어서 햇볕이 잘 들면서 바람이 부는 곳에서 말린다.

고구마밤죽

제철과 맛이 비슷해 고구마와 잘 어울리는 밤은 탄수화물, 단백질,
지방, 칼슘, 비타민이 골고루 들어 있어 발육과 성장에 좋다. 피부를
맑고 부드럽게 해 미용 효과도 높다.

1 고구마는 사방 1센티미터 크기로 잘라서 물에 담가 두고, 밤도 껍질을 벗기고 고구마와 같은 크기로 썬다.
2 냄비에 분량의 쌀과 물을 먼저 넣고 2/3 정도 익힌 다음 고구마와 밤을 넣는다.
3 고구마가 완전히 익었으면 불을 끄고 그릇에 담아서 낸다. 먹기 전에 소금으로 간한다.

쌀알 먼저 익히고 고구마는 나중에

고구마가 쌀보다 빨리 익기 때문에 고구마를 먼저 넣으면 쌀알이 알맞게 퍼질 때 고구마는 형체를 알아보기도 어렵다.
쌀알이 2/3 정도 익었을 때 고구마를 넣어야 모양이 살아 있다.

고구마 콩나물밥

고구마를 넣어 달고 부드러운 맛이 나는 콩나물밥이다.
콩나물은 싹이 트는 과정에서 비타민C가 급격하게 늘어나 예로부터 감기 몸살에 즐겨 먹었다.
뿌리에는 아스파라긴산이 풍부해 술 먹은 다음 해장에도 좋다.

1 고구마는 깨끗하게 씻어서 도톰하게 썰고 물에 담가 전분을 없앤다.

2 콩나물도 깨끗하게 씻어서 물에 5분간 담갔다가 잔뿌리를 정리한다.

3 냄비에 콩나물을 깔고 쌀을 얹은 다음 고구마를 올리고 물을 부어 센 불
   에서 끓인다.

4 밥이 끓으면 불을 약하게 해서 밥물이 거의 없어지도록 한 다음 마지막에
   센 불로 20초간 가열한다.

5 불을 끈 다음 뚜껑을 닫고 10분간 뜸을 들인다.

6 실파는 송송 썰고, 고추, 양파는 잘게 썰어서 분량의 양념간장 재료와 잘
   섞어 콩나물밥에 곁들여 낸다.

깨끗한 콩나물

콩나물은 길이가 7~8센티미터 정도인 것이 먹기 가장 좋다.
시판 콩나물은 깨끗하게 씻은 다음 물에 5분간 담갔다가 조리하면 농약 성
분이 많이 빠져 나간다.

재료

고구마	1/2개
콩나물	100g
불린 쌀	1과 1/2컵
물	1과 1/2컵

양념간장

간장	4큰술
실파	3줄기
붉은 고추	1개
양파	1/4개
통깨	1/2큰술
들기름	1작은술
후추	1/3작은술

1 고구마는 작게 썰어 물 2컵을 넣고 끓여서 반 정도 익었을 때 불린 콩을 넣고 더 끓인다. 콩이 다 익으면 불을 끈다.

2 익힌 고구마와 콩을 물 2컵과 같이 넣어 곱게 갈고 나머지 물도 넣어서 섞은 다음 냉장 보관한다.

3 토마토는 반달 모양으로 얇게 썰고, 오이는 곱게 채 썬다.

4 냄비에 물을 넉넉하게 끓인 후 소금을 넣고 국수를 삶아서 끓어 오르면 찬물 1/2컵을 끼얹는 과정을 세 번하고 찬물에 헹군다.

5 그릇에 국수와 고구마콩국을 담고 토마토와 오이를 올려 낸다.

고소한 콩국 만드는 법

콩국수에 들어가는 콩은 주로 흰콩. 상온에서 두 시간 이상 또는 냉장고에서 하룻밤 불린 다음 삶는다. 너무 많이 삶으면 메주 냄새가 나기 때문에 두 배의 물만 부어 삶고, 먹어 봐서 고소한 맛이 나면 바로 불을 끄고 찬물을 부어 가면서 믹서에 간다.

고구마콩국수

고구마와 콩을 같이 갈아 담백한 맛이 잘 어우러지는 고급스런 콩국수 레시피이다.
콩은 천연 에스트로겐이 풍부해 폐경기 여성에게 좋고, 심장병, 골다공증, 각종 성인병도 예방해 준다.

신안군 임자도 이흑암리 염전에서 그는 무심한 눈길로 하늘을 올려다보며 이렇게 말했다. 염전사람들은 증발지를 거치며 염도가 높아진 바닷물이 결정지에 도달해 소금 결정으로 맺히는 것을 '소금이 온다'고 했다. 씹어볼수록 말맛이 나는 표현이다. 마치 그의 염전에서 막 걷어낸 소금 몇 알을 혀끝에 올려놓았을 때 필시 바다에서부터 왔을 비릿한 생명의 기운이 아련하게 맡아지던 것처럼 말이다. 그들의 표현대로라면 소금은 과연 어디에서부터 우리에게로 오는 것일까. 그 말을 들으며 우리의 몸조차 빅뱅의 순간에 흩어진 별 부스러기들로 이루어져 있다는 말을 떠올렸다면 지나친 것일까. 그러나 어찌 소금뿐이랴.

소금다운 소금을 먹을 수 있게 한 염부

LOHAS Story | 신안군 임자도 마하탑의 유억근

눈앞에 보이는 모든 사물, 사람과 생명 있는 모든 것들이, 인간들이 이제까지 발견하고 알게 된 110여 개의 원소들이 이렇게 저렇게 조합된 결과물일 테고 생각하기에 따라서는 정신이나 마음조차도 그들의 작용과 밀접한 것이 아니겠는가.

임자도 사람 유억근은 우리가 매일 먹고 있는 소금이 물이나 쌀만큼이나 중요하다는 것을 남들이 미처 깨닫기 전에 먼저 생각한 이다. 그와 함께 하는 이들의 수고로운 노동을 통해 세상으로 '오는' 천일염 때문에 우리는 다른 양념을 하지 않아도 개운하고 깔끔한 국물을 매일 먹고 살게 되었다.

2007년 11월에 가까스로 법이 개정되기 전까지 우리 갯가에서 생산된 천일염은 광물로 분류돼 식품으로조차 인정을 받지 못하고 천덕꾸러기 취급을 받아 왔다. 정부는 2005년까지만 해도 염전을 사양산업으로 치부하고 폐전지원금까지 주면서 염전을 닫도록 종용했었다. 이러한 시대의 흐름을 거스르면서 소금다운 소금의 가치를 먼저 깨닫고 지켜온 이가 바로 마하탑의 유억근 대표다.

우리 천일염이 최고라고 이제야 알아주는 이들이 생겼다

서해안고속도로가 뚫려 많이 단축됐지만 서울에서 임자도까지 가는 길은 여전히 멀다. 서해안고속도로 무안 나들목을 빠져나와 남쪽 지방에서나 볼 수 있는 동백이나 무화과 같은 나무 들 사이로 붉은 황토가 드러나 있는 완만한 둔덕들 사이로 달리다 보면 어느 순간엔가 지도라는 섬에 들어서게 된다. 1974년에 육지에 연결된 탓에 섬에 들어섰다는 것을 느끼지 못할 수도 있다. 2~30분을 더 달리다 보면 부지불식간에 차는 바닷물이 일렁이는 점암선착장에 도달한다. 여기서 또다시 차와 사람이 함께 배를 타고 20분 정도 바다를 건너면 임자도에 닿는다. 양파와 대파 농사를 많이 하고 섬의 끄트머리에 있는 포구 전장포에서는 우리나라 새우젓의 60퍼센트가 난다.

그는 조상 때부터 살아온 이 섬에서 태어나 국민학교를 졸업할 때까지 살았다. 그가 태어난 집은 섬에 유배 와 있던 조선 문인화의 시조 조희룡이 살던 집이라고 한다. 추사 김정희 등이 들여온 중국의 화풍을 배제하고 조선 문인화의 시원을 열었다는 그의 정신이 오늘날의 그에게도 어떤 식으로든 전달되지 않았을까 생각해 본다.

그의 눈에 소금이 들어온 것은 1986년 무렵이었다. 정제염, 재제염이 식용소금의 전부인 것처럼 여겨지던 시절이었고, 소금이 고혈압 등 각종 질병의 원인으로 지목되고 있었지만 그는 섬에서 나고 자라면서 물처럼 공기처럼 늘 먹어온 천일염

과 그것으로 담근 새우젓과 그것을 휘휘 풀어 끓인 국물들에 대한 자연스럽고도 편안한 기억을 고스란히 간직하고 있었을 것이다.

재제염은 국산 천일염과는 달리 미네랄 성분이 거의 없는 멕시코나 호주 등에서 수입한 천일염을 물에 끓여 염화나트륨 성분이 95퍼센트 이상 되게 다시 만든 것이다. 정제염은 기계장치를 통해 바닷물에서 염화나트륨 성분만 99퍼센트 이상 되게 뽑아낸 인공소금이다. 그 밖에도 중국 등에서 들여온 값싼 암염을 등을 쓰는 탓에 지금 우리나라 천일염은 공업용을 포함한 국내 전체 소금 수요의 10퍼센트, 먹는 소금의 40퍼센트 밖에 자급하지 못하고 있다고 한다.

우리나라 갯벌의 염전에서 생산되는 천일염은 염도가 80퍼센트 정도고 나머지는 미네랄 성분으로 채워져 있다고 한다. 미네랄의 사전적 의미는 광물질이다. 질소, 수소, 산소 탄소 등 우리 몸에 있는 원소 중 대부분을 차지하는 이 네 가지를 제외한 나머지 성분의 총칭이라고 할 수 있다. 미네랄은 뇌와 세포 사이의 정보소통의 매개 역할 등을 하는 필수적인 성분이지만 몸 안에서 생성되지 않으며 음식을 통해 섭취해야 한다. 몸 안에 미네랄이 부족하면 면역체계가 교란돼 건강을 해치게 된다. 그런데 저개발국가에서는 문제가 없는데 미국 등 앞서 산업화된 나라 사람들은 예외 없이 미네랄 부족에 시달리고 있다고 한다. 예전에는 토양에 미네랄이 풍부했지만 수세식 화장실이 일반화돼 똥의 순환이 단절되고 무분별하게 화학비료와 농약을 살포하면서 작물을 통해 미네랄을 섭취하기가 어려워진데다 패스트푸드와 가공식품을 많이 먹는 식생활 때문에 그렇게 된 것이라고 한다. 그런데 놀랍고 고맙게도 1킬로그램에 7~8만 원씩 고가에 팔리는 프랑스의 게랑드 염전이나 이탈리의 천일염보다도 우리나라 신안군에서 나는 천일염은 월등하게 미네랄을 많이 함유하고 있다고 한다. 그나마 이런 것들이 밝혀진 것은 마하탑 소금이 세상에 나온 지 한참 뒤의 일이다.

정말로 출세한 섬사람이 되었다

1996년부터는 아예 섬에 있는 염전을 매입해 직접 소금을 생산했다. 그러나 섬에 돌아와 사양 산업으로 치부되던 염전을 시작하고 소금 가공공장을 지으려는 그를 대하는 고향 사람들의 반응은 싸늘했다. 가까스로 고향 마을 뒷산에 부지를 마련하고 공장을 지으려고 할 때도 오수가 배출될지 모른다며 주민들이 반대해 포기해야 했다. 이 때문에 지금 볶은 소금 공장이 있는 이흑암리 바닷가 쪽에 다시 부지를 마련해야 했다. 그러나 그는 섬사람들이 채취한 쑥과 고사리를 비싼 값으로 사들여 한살림에 내면서 주민들의 소득을 높이는 데 크게 기여했다. 외지 상인들은 고사리와 쑥을 채취해놓으면 갑자기 그날 섬에 들어오기 어렵겠다고 연락을 해 값을 후려치는 농간을 부리곤 했는데, 그는 시중가격보다도 훨씬 좋은 가격으로 사들이고 상대적으로 싼 값으로 한살림과 일부 생협에 공급했다. 섬사람들은 차차 그의 진정을 이해하기 시작했다. 그의 사무실에는 주민들의 마음이 담긴 감사패가 자리 잡고 있다.

"임자도에 들어온 것은 고향이기 때문이라기보다 돈이 없었기 때문이기도 했어요. 섬에 와서 염전과 공장을 세우는 일을 머릿속에 그려 보는데 몇 개의 산봉우리 넘어야만 도달할 수 있는 아스라히 먼 곳을 향하는 것처럼 막막했어요. 또 고향이라도 금의환향하지 않고는 환영받기 어려워요. 두 배로 노력하지 않으면 안 되더라고요."

변변한 수입도 없이 몇 년을 뚝심 있게 버텨낸 일이나 섬으로 들어가 사업을 시작한 일 모두가 한결같은 마음으로 믿고 함께 한 아내가 없었다면 과연 가능했을까 싶기도 했다. 아내와의 사이에 두 딸을 둔 인연 때문일까. 그는 마하탑의 이익금 가운데 3퍼센트를 '여사랑운동기금'으로 적립하고 있다. 말 그대로 여자를 아끼고 사랑하는 일, 특히 여성의 몸을 귀하게 여기는 일을 염두에 둔 것이다. 단체를 결성한 것도 아니다. 그는 낙태가 여성의 몸에 얼마나 나쁜 영향을 미치는지와 같이

여성의 몸과 건강에 대한 책을 발간해 사람들에게 배포하고 공감을 넓히는 일을 준비하고 있다.

우여곡절 끝에 그는 조금씩 일을 밀고 나가며 스스로 소금다운 소금, 고향의 살아있는 갯벌과 찰진 햇살과 바람이 가져다주는 건강한 소금을 생산하는 일을 실현시켰다.

그의 소금은 우리나라 천일염 가운데서도 독특한 가치가 있다. 임자도의 갯벌 염전들은 똑 같이 청정해역인 신안 앞바다의 바닷물을 끌어들인 저수지를 통해 각자의 증발지로 물을 들인다. 염도 3퍼센트의 바닷물은 1증발지와 2증발지를 거치면서 15퍼센트까지 염도가 높아진 뒤 소금 결정지로 온다. 저수지에는 짱뚱어 게와 석화 같은 온갖 생물들이 바글거리고 그의 염전 증발지에는 함초도 자라고 이끼도 끼어 있다. 바닷물을 햇볕과 바람으로 증발시키는 것 말고는 아무런 화학적 처리를 하지 않기 때문에 그럴 것이다.

염도가 높아진 바닷물은 도중에 비가 쏟아지면 '비설거지'를 해 염전 가운데 있는 함수조인 해주로 피신시켜 염도를 유지한다. 바다에서부터 결정지까지 물이 옮겨 다니는 것은 조수간만의 차와 완만한 고도차를 둔 염전의 구조 때문에 수문을 열고 닫는 것만으로 자연스럽게 이루어진다. 마하탑 염전의 수로와 함수조의 바닥과 벽면에는 모두 송판이 깔려 있다. 송판은 모두 스테인

리스 못으로 고정돼 있어 녹물이 스며들지 않게 했다. 또 여느 갯벌 염전들은 벌흙에 판 웅덩이에 지붕만 씌운 구조라 한 해만 지나도 침전물을 쌓이고 흙이 무너져 웅덩이가 메워지는 것과 비교가 된다. 벽과 바닥이 송판으로 덮인 함수조에서 결정지로 다시 나오는 소금물은 이물질이 섞이지 않도록 호스로 이동시킨다. 이렇게 염전 곳곳에 세심한 배려가 스며있는 때문인지 결정지에서 막 걸어낸 마하탑의 소금들은 눈처럼 눈부시게 희다. 그의 말처럼 몸 안에 들어가 생리작용만 하고 고스란히 몸 밖으로 빠져나오는 깨끗한 소금은 이렇게 만들어지고 있었다. 그것도 뜨거운 여름에만 말이다.

염전에 있는 소금창고에서 며칠 동안 자연 탈수된 소금들은 임자도 안 쪽 대기리에 있는 마하탑 공장으로 옮겨와 원심분리기로 탈수를 한다. 이렇게 하면 소금 결정 안에 있는 간수까지 완전히 빠져 쓴 맛이 남아 있지 않고 오래 보관해도 물기를 머금게 되거나 하지 않는다. 이것 역시 마하탑의 유억근 대표가 개발한 방식이라고 한다.

소금이 온다는 표현은 옛사람들로부터 전해온 말이었을 것이다. 사람이 만드는 것이 아니라 단지 오는 것. 인공의 기계소금들과 달리 우주를 이루고 있는 광물질들을 함유한 채 모습을 드러내는 자연의 소금. 그것은 오랜 동안의 오해와 달리 불결하지도 않으며 몸 안에 이상을 일으키는 것도 아니었다. 오히려 미네랄을 함유하고 몸 안의 균형을 바로 잡아 주며 좋은 영향을 주는 것이 밝혀지면서 서서히 진가를 인정받고 있다. 물론 유억근 생산자 한 사람이 그런 일을 일군 것은 아닐 것이다. 그러나 사람들이 서서히 그 깨달음의 지점에 도달해 갈 때 미리 고난의 길을 마다않고 걸어가 실제로 그런 맑고 단 소금을 만들고 있던 사람. 그는 세상으로 온 소금과 같은 사람이었다.

| 이 글은 「살림이야기」 06호에서 만날 수 있습니다. 「살림이야기」는 사람과 사람, 사람과 자연이 조화로운 생명세상을 꿈꾸며 봄여름가을겨울마다 내는 생활문화지(www.salimstory.net)입니다.

CHAPTER 03

식탁을 풍성하게 하는 고구마 반찬

대개 고구마는 찌거나 삶는 단순한 방법으로 먹기 마련.
이 때문에 간식으로 쉽게 떠올리지만
고구마를 반찬으로 잘 활용하면 식탁을 풍성하게 할 수 있다.
볶거나 생채로 무쳐도 좋고 탕과 조림으로도 변신하는 고구마 반찬들.

고구마 볶음

고소하고 담백한 맛에 포만감을 줄 수 있는 고구마볶음 요리이다.
호박고구마는 다른 고구마에 비해 비타민A의 전구체인 카로틴이 풍부한데
지용성 비타민인 카로틴은 기름에 볶거나 튀길 경우 체내 흡수가 더 잘된다.

1 호박고구마는 곱게 채를 썰어서 찬물에 한 번 씻은 다음
소금 1작은술을 넣고 살짝 절였다가 물기를 뺀다.

2 고추는 길이로 반을 갈라서 씨를 뺀 다음 곱게 채 썬다.

3 팬에 기름을 두르고 호박고구마를 볶다가 물을 넣어서 살짝 삶듯이 볶는다.

4 볶은 호박고구마에 소금 1/2작은술과 후추를 넣어서 간을 하고 고추를 넣고
한 번 더 볶은 다음 불을 끄고 깨소금과 참기름을 넣는다.

깔끔하고 아삭하게

고구마를 미리 소금에 살짝 절인 다음 볶으면 익으면서 지저분하게 부서지는
걸 막을 수 있다. 생으로도 먹을 수 있으니 너무 오래 볶지 않는다.

재료

호박고구마	1개
풋고추	1개
붉은 고추	1개
기름(볶음용)	1큰술
후추	1/3작은술
소금	1과 1/2작은술
깨소금	1/2큰술
참기름	1작은술
물	4큰술

고구마생채

양파는 혈관 내 콜레스테롤이 쌓이는 것을 막아 주고, 몸의 독성을 몸
밖으로 배출해 준다. 양파 껍질을 버리지 말고 같이 조리하면 프라보
놀이라는 성분이 혈관을 강화시켜 준다.

재료

고구마	1/2개
양파	1/4개
실파	3줄기
식초	1작은술

생채양념

다진 마늘	1작은술
고춧가루	1/2큰술
식초	2큰술
깨소금	1작은술
소금	약간

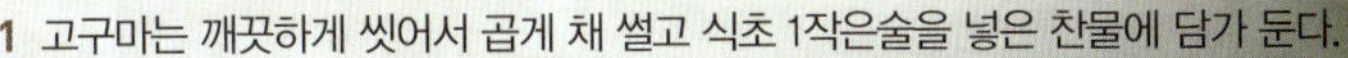

1 고구마는 깨끗하게 씻어서 곱게 채 썰고 식초 1작은술을 넣은 찬물에 담가 둔다.

2 양파는 곱게 채 썰어 물에 담갔다가 건지고, 실파는 3센티미터 길이로 썬다.

3 볼에 마늘, 고춧가루, 식초, 깨소금, 소금을 넣어서 양념을 만든다.

4 양념에 고구마, 양파, 실파를 넣어서 잘 버무린 다음 그릇에 담아낸다.

갈변되지 않게 조심

고구마는 썰어 놓으면 공기 중에서 금방 갈변한다. 생채를 할 때엔 채 썰고
바로 식초, 소금, 설탕, 레몬즙 등을 탄 물에 담가 공기 중에 노출되지 않도록 한다.

고구마배추겉절이

고구마와 같이 버무려 씹히는 맛과 자연스러운 단맛을 더한 배추겉절이다.
가을배추는 줄기와 잎이 아삭하면서 단맛이 많이 나고 겉절이나 김치를 담갔을 때 잘 무르지 않는다.

재료
고구마 ···················· 1/4개
속배추 ···················· 6잎
부추 ······················· 10g
고춧가루 ················ 1/2큰술
액젓 ······················· 1큰술
다진 마늘 ················ 1/2큰술
다진 생강 ················ 1/2작은술
소금 ······················· 1/2큰술
설탕 ······················· 1작은술

1 고구마와 배추는 한입 크기로 얇게 저며서 썬 다음
  소금 1/2큰술을 넣어서 30분간 절인다.

2 부추는 4센티미터 길이로 썰고,
  볼에 마늘, 생강, 액젓, 설탕을 넣어서 잘 섞는다.

3 절인 고구마와 배추를 씻어서 물기를 뺀 다음
  2의 양념에 넣어서 버무리고 부추, 고춧가루를 넣어서 한 번 더 섞는다.

잘 버무려지게 양념하려면

겉절이에 들어가는 양념은 미리 만들어서 30분 정도 두었다가 사용하면 양념이 훨씬 잘 든다.
고춧가루도 물에 미리 불려 넣으면 색도 고와지고 재료에 잘 버무려지는 데다 고춧가루의 텁텁한 맛도 덜 난다.

재료

닭고기	1/2마리
고구마	1/2개
당근	1/5개
양파	1/4개
마늘	3쪽
풋고추	1개

양념간장

간장	4큰술
후추	1/3작은술
설탕	1큰술
꿀	1큰술
매실액	1/2큰술
깨소금	1/2큰술
참기름	1작은술
물	3컵

1 닭고기는 토막 내서 물에 30분간 담가 핏물을 뺀 다음 끓는 물에 데친다.

2 고구마는 씻어서 토막 내고, 당근도 같은 크기로 자른 다음 모서리를 돌려 깎는다.

3 양파는 굵게 채 썰고, 고추는 1센티미터 폭으로 썬다.

4 분량의 재료로 양념간장을 만든 다음 냄비에 1의 닭고기와 양념간장 반을 넣어서 끓인다.

5 닭고기가 익으면 고구마, 당근, 마늘과 남은 양념간장을 넣어서 국물이 자작해지도록 끓인다.

6 국물이 3큰술 정도 남을 때까지 조려지면 불을 끄고 썰어 둔 풋고추, 양파를 넣어서 마무리한다.

닭고기 양념 따로, 야채 양념 따로

양념간장을 미리 다 넣어 버리면 닭고기에 짠맛이 모두 배어들어 고구마나 당근을 넣었을 때 양념이 잘 배지 않는다.
맛이 재료들에 골고루 배도록 양념을 두세 번으로 나눠 넣는다.

고구마닭찜

감자 대신 고구마와 같이 조리면 자연스러운 단맛을 낼 수 있다.
닭고기에는 질 좋은 단백질이 풍부해 두뇌활동을 촉진시키고
껍질엔 콜라겐이 많아 피부 미용에도 좋은 식품이다.

고구마미나리전

미나리의 아삭하면서 상큼한 맛과 고구마의 담백함이 어우러져 입안을 개운하게 한다.
미나리는 단백질, 비타민A, B1, B2, C과 철분, 칼슘 등 무기질이 풍부한 알칼리 식품으로
항암 효과와 해독 효과가 있다.

재료

고구마	1개
미나리	1/4단
밀가루	1컵
붉은 고추	1개
포도씨오일	1큰술
소금	1/2작은술
물	1/3컵
식초	1큰술

1 고구마는 깨끗하게 씻은 다음 곱게 채 썰어서 찬물에 담가 전분을 없앤다.

2 미나리는 깨끗하게 씻은 다음 5센티미터 길이로 썰고, 식초 1큰술을 넣은 물에 5분간 담가 둔다. 고추는 어슷하게 썬다.

3 볼에 밀가루와 물 1/3컵을 넣은 다음 고구마와 미나리, 소금 1/2작은술을 넣어서 잘 섞는다.

4 달군 팬에 기름 1큰술을 두르고, 3의 반죽을 조금씩 떠서 팬에 올린 다음 붉은 고추를 얹어서 앞뒤로 노릇하게 굽는다.

 **전은 바삭하고 깔끔하게**

전을 부칠 때는 팬을 충분히 달구는 것이 제일 중요하다. 팬을 달구지 않으면 재료에 기름이 많이 먹어 바삭하게 구워지지 않고 느끼해진다.

재료

고구마	1/2개
새우	8마리
브로콜리	1/4송이
마늘	2쪽
생강	1/2쪽
말린 고추	1개
간장	1/2큰술
소금	약간
후추	1/3작은술
물녹말	3큰술
참기름	1/2작은술
물	3컵
기름(볶음용)	1작은술

1 고구마는 어슷하게 잘라서 물에 담가 두고, 브로콜리는 잘라서 데친 다음 찬물에 헹군다.

2 새우는 두 번째 마디에서 내장을 꺼내고 머리와 껍질을 떼어 내고 등쪽에 칼집을 넣는다. 머리와 껍질은 씻어서 냄비에 물과 같이 넣고 끓여 육수로 사용한다.

3 마늘, 생강은 편으로 썰고, 말린 고추는 얇게 썬다.

4 밑이 둥근 팬에 기름을 두른 다음 마늘과 생강을 볶다가 2의 새우 머리 삶은 물, 고구마, 말린 고추를 넣어서 끓인다. 고구마가 익으면 새우를 넣는다.

5 국물에 간장, 소금, 후추를 넣어서 간을 맞추고 브로콜리와 물녹말을 넣어서 농도를 맞춘 다음 불을 끄고 참기름을 넣는다. 물녹말은 물과 녹말가루를 1:1의 비율로 섞어서 만든다.

🥄 새우 내장 꺼내는 방법

새우의 내장을 꺼내지 않으면 먹을 때 모래가 씹힐 수 있다. 새우 내장은 머리 쪽 두 번째 마디에서 꼬치 같은 끝이 뾰족한 도구를 써서 살을 포 뜨듯이 뜬 다음 엄지로 내장을 잡아서 꺼내면 쉽게 꺼내진다.

고구마새우탕

새우에는 타우린이 풍부해 간의 해독에 좋으며 양기를 왕성하게 하고 신장의 기능도 좋아지게 한다.
단백질은 풍부하고 지방은 적어 다이어트식으로도 좋은 식품이다.
껍질은 버리지 말고 같이 먹거나 새우 머리와 함께 끓여 육수를 내면 맛이 아주 좋다.

고구마고등어조림

등푸른생선 고등어에는 단백질을 비롯한 지방, 칼슘, 나트륨, 칼륨, 비타민A, B, D 등의
영양분이 많은데다 고등어의 지방은 몸에 꼭 필요한 불포화 지방산이라 건강에 더욱 좋다.
고구마와 함께 조리면 비린 맛이 사라지고 단맛이 난다.

재료

고구마	1/2개
고등어	1/2마리
대파	1/4대
풋고추	1개
붉은 고추	1개
소금	1/2큰술
쌀뜨물	1컵

조림간장

간장	2큰술
고춧가루	1큰술
다진 마늘	1큰술
된장	1/2큰술
후추	1/3작은술
설탕	1/2큰술
조청	1큰술
물	1컵

1 고등어는 내장과 머리를 떼고 어슷하게 썰어 소금 1/2큰술을 뿌려서
10분간 재웠다가 쌀뜨물에 헹군다.

2 고구마는 씻어서 1센티미터 두께로 둥글게 썰어 찬물에 담가 두고,
대파와 고추는 어슷하게 썬다.

3 분량의 재료로 조림간장을 만들고, 냄비에 고구마를 깐 다음 고등어
를 올리고 조림간장을 얹어서 국물을 끼얹어 가며 자작하게 조린다.

4 조린 고등어에 대파와 고추를 얹어서 한 번 더 끓인 다음 불을 끄고
그릇에 담아서 낸다.

비린내 없는 고등어

고등어처럼 금방 비린내가 나는 생선은 미리 소금에 약하게 절인 다음
쌀뜨물이나 우유에 담갔다 조리하면 비린 맛이 나지 않고 생선 특유의
풍미가 강해진다.

재료		강정소스	
고구마	1과 1/2개	고추장	1큰술
동태살	150g	간장	1작은술
녹말가루	4큰술	다진 양파	3큰술
달걀	1개	통깨	1작은술
소금	1/3작은술	설탕	1큰술
후추	1/3작은술	조청	2큰술
참기름	1/2작은술	물	1컵
기름(튀김용)	적당량		

1 고구마는 3센티미터 크기로 썰어 물에 담가 두고, 동태살도 길고 도톰하게 잘라 소금, 후추, 참기름에 재운다. 달걀은 볼에 잘 풀어 둔다.

2 고구마는 100도에서부터 노릇하게 속까지 익도록 튀긴다.

3 재운 동태살에 녹말가루를 무친 다음 달걀을 무친다.

4 통태살을 180도에서 노릇하게 두 번 튀긴다.

5 냄비에 분량의 재료로 강정소스를 넣은 다음 국물이 거의 없어지도록 끓인 후 튀긴 고구마와 생선을 넣고 버무려서 그릇에 담아낸다.

바글바글 잘 졸인 강정소스

강정소스에 물이 많으면 버무렸을 때 겉에 윤기가 없고 먹을 때 바삭한 느낌이 나지 않으니 충분히 졸인다. 강정소스에 크게 올라오던 거품이 아주 작아지면 수분이 거의 없이 잘 졸여진 것이다.

고구마동태강정

튀긴 동태살과 고구마를 매콤 달콤하게 버무린 강정으로
동태살을 튀기면 쫄깃하면서 씹는 질감이 살아 맛있다.
동태는 간 해독에 좋아 피곤할 때 영양식으로도 좋다.

말린고구마멸치볶음

말린 고구마를 잔멸치와 함께 볶은 밑반찬 레시피이다.
멸치의 바삭한 맛과 말린 고구마의 쫄깃한 맛이 잘 어우러져 아이들도 무척 좋아한다.

1 말린 고구마는 4센티미터 길이로 썰고, 잔멸치는 체에 걸러서 가루를 턴다.
2 팬에 기름을 두른 다음 잔멸치를 먼저 볶다가 말린 고구마를 넣고, 간장, 조청, 마늘, 후추를 넣어서 한 번 더 볶는다.
3 고구마와 멸치가 다 볶아지면 불을 끄고 참기름과 깨소금을 넣어서 마무리한다.

잔 가루는 털고 마른 팬에 볶아서

잔멸치는 말리거나 유통되는 과정에 서로 부딪쳐서 잔 가루들이 많은데 그냥 조리하면 지저분해지니 먼저 체에 걸러 털어 낸다. 마른 팬에 미리 한번 볶으면 소독도 되고 비린 맛도 없어진다.

재료

말린 고구마	100g
잔멸치	40g
간장	1작은술
조청	1큰술
다진 마늘	1작은술
포도씨오일	1큰술
참기름	1/2작은술
후추	1/4작은술
깨소금	1작은술

고구마조림

고구마를 간장에 졸여 간간하게 즐기는 밑반찬 레시피이다.
간을 약하게 해서 많이 만들어 두면 간식으로 먹기에도 좋다.

1 고구마는 사방 3센티미터 크기로 썰어서 찬물에 담가 전분을 없앤다.

2 마늘은 편으로 썰고, 대파는 1센티미터 폭으로 썬다.

3 냄비에 간장, 마늘, 대파, 물을 넣고 끓으면 고구마를 넣는다.

4 고구마가 다 익고 국물이 자작하게 졸면 조청을 넣어서 한 번 더 끓인 다음
불을 끄고 통깨를 뿌린다.

재료

고구마	1개
마늘	2쪽
대파	1/4대
간장	1과 1/2큰술
조청	2큰술
통깨	1작은술
물	1컵

🖌 조림의 조청은 마지막에 등장

조림을 할 때 조청이나 꿀을 처음부터 넣으면 재료에 간이 배기도 전에 수분
이 빠져 나와 제대로 맛이 나지 않으니 재료가 거의 다 익었을 때 조청을 넣
는다.

고구마줄기마른새우볶음

아삭아삭한 고구마줄기와 바삭바삭한 마른새우를 같이 볶아 씹는 맛이 좋은 반찬이다.
톡톡 부러뜨리면 껍질이 줄줄 벗겨지는 고구마줄기는
잎이 한 장씩 매달리는 잎자루지만 하도 길어 줄기라 불린다.

고구마줄기 ···················· 100g
마른새우 ····················· 20g
다진 마늘 ·················· 1작은술
간장 ······················ 1/2작은술
소금 ························ 약간
후추 ······················ 1/3작은술
깨소금 ····················· 1작은술
참기름 ····················· 1/2작은술
기름(볶음용) ················ 1큰술

1 고구마줄기는 겉껍질을 벗기고 끓는 물에 삶아서 찬물에 헹군 다음 5센티미터
  길이로 자른다.

2 팬에 마른새우를 볶은 다음 접시에 담고 다시 팬에 기름을 두르고 마늘을 볶다
  고구마줄기를 넣어서 볶는다.

3 볶은 고구마줄기에 간장, 소금, 후추를 넣어서 간을 한 후 볶아둔 마른새우를
  넣고 살짝 버무린 다음 불을 끄고 깨소금과 참기름을 넣어서 마무리한다.

고구마줄기는 오래 볶고 새우는 살짝 볶고

마른새우는 양념을 빨리 흡수해 금방 짜지니 먼저 고구마줄기 속까지 양념이 배
도록 충분히 볶아 부드러워지면 마른새우를 넣고 버무리듯이 볶는다.

재료

고구마줄기	200g
양파	1/4개
붉은 고추	1개
소금	1큰술

김치양념

다진 마늘	1/2큰술
다진 생강	1/2작은술
다진 파	1큰술
액젓	1큰술
새우젓	1/2큰술
고춧가루	1과 1/2큰술
찹쌀풀	1/2컵
설탕	1/2작은술

1 고구마줄기는 겉껍질을 벗긴 다음 소금 1큰술, 물 1컵을 넣어서 20분간 절인 다음 찬물에 세 번 헹군다.

2 양파는 껍질을 벗기고 곱게 채 썰고, 고추는 길이로 반 갈라서 씨를 뺀 다음 채 썬다.

3 볼에 분량의 재료로 김치 양념을 만들어 30분간 두었다가 1의 고구마줄기와 양파, 고추를 넣고 버무려 밀폐용기에 담는다.

신선하게 먹는 고구마줄기김치

김치를 담그는 고구마줄기는 통통하면서 연한 것으로 고르고, 겉껍질을 벗겨 쓴다. 고구마줄기김치는 오래 두고 먹지 말고 하루만 익혀서 바로 먹어야 맛있다.

고구마줄기김치

고구마보다 비타민C와 식이섬유가 풍부한 고구마줄기로 김치를 담으면
유산균과 젖산균이 생겨 소화를 잘 되게 한다.
고구마와 같이 먹으면 장에 가스가 차는 것을 방지해 준다.

고구마줄기장아찌

제철에 난 재료를 오랫동안 먹을 수 있는 장아찌는 짜지 않게 담그는 게 요즘의 대세이다.
짠맛 대신 식초를 넣어서 저장성을 높여 주면 신맛이 살아 떨어진 입맛도 살려 준다.

제철에 난 재료를 오랫동안 먹을 수 있는 장아찌는 짜지 않게 담그는 게 요즘의 대세이다.
짠맛 대신 식초를 넣어서 저장성을 높여 주면 신맛이 살아 떨어진 입맛도 살려 준다.

재료

고구마줄기	200g
말린 고추	1개
마늘장아찌	1/4컵
소금	1큰술

장아찌간장

간장	4큰술
조청	2큰술
식초	3큰술
설탕	1/2큰술
소금	1/2큰술
물	2컵

1 고구마줄기는 겉껍질을 벗기고 깨끗하게 씻어서 물기를 뺀 다음 5센티미터 길이로 썰어서 소금 1큰술을 넣고 30분간 절였다 헹군다.

2 냄비에 분량의 재료로 장아찌 간장을 넣어서 끓으면 불을 끄고 식힌 다음 1의 고구마줄기에 붓는다.

3 말린 고추는 1센티미터 폭으로 잘라 2의 장아찌에 넣고, 마늘장아찌도 넣어서 냉장 보관한다.

4 하루 지나 간장만 따라서 끓였다 식혀 붓기를 두 번 반복한다.

🥄 간장을 다시 끓여서 부어야

간이 약한 장아찌는 냉장 보관하고, 꺼내서 간장물만 따라서 끓인 후 다시 부어야 한다. 재료에서 나오는 수분으로 더 싱거워지기 때문. 세 번 이상 끓여서 부으면 상온 보관이 가능하고 한 달에 한 번씩 다시 끓여 주면 오랫동안 보관도 가능하다.

CHAPTER 04

고구마의 화려한 변신
일품요리

감자만 넣었던 요리에 고구마로 변화를 줄 수도 있고
부드럽게 먹는 서양 요리에 고구마를 더하여 새로운 맛을 즐길 수 있다.
입맛이 없거나, 갑자기 손님이 오셨을 때, 아이들 영양식으로
후다닥 만들 수 있는 고구마 일품요리들.

고구마카레

카레에는 강황의 뿌리인 터메릭, 고수의 씨 코리앤더, 육두구로도 불리는 너트메그에
커민, 샤프란, 타임, 고추, 후추, 생강, 겨자 등 다양한 향신료가 들어가는데
강력한 살균 효과가 있는 것이 많다. 카레의 노란색은 터메릭의 색으로 항산화, 항암 성분이 있다.

재료

고구마	1개
당근	1/5개
양파	1/4개
완두콩	2큰술
포도씨오일	1/2큰술
카레	50g
밥	2공기
물	3컵
소금	약간

1 고구마는 사방 1센티미터 크기로 썰어서 찬물에 담가 두고, 당근, 양파도 같은 크기로 썬다.

2 완두콩은 끓는 물에 소금을 조금 넣고 삶은 다음 찬물에 헹군다.

3 냄비에 포도씨오일을 두른 다음 고구마, 양파, 당근을 넣어서 볶다가 물을 부어서 끓인다.

4 찬물 1컵에 카레가루를 섞어서 고구마가 다 익었을 때 넣고 잘 푼다. 여기에 완두콩을 넣고 불을 끈 후 밥 위에 얹어 낸다.

인스턴트 카레와 정통 인도 카레

인스턴트 카레에는 전분이 있어 농도가 쉽게 맞춰지는데 정통 인도 카레는 농도가 높지 않다. 수입품 코너에서 볼 수 있는 인도 카레로 고구마 카레를 만들 때는 야채 카레용으로 골라 기호에 맞게 소금, 후추 등으로 간을 하고 녹말가루나 쌀가루로 농도를 맞춘다.

고구마 …………………… 1/2개
양파 ……………………… 1/4개
양배추 …………………… 1과 1/2잎
콩고기 …………………… 10g
춘장 ……………………… 2큰술
설탕 ……………………… 1/2작은술
물녹말 …………………… 3큰술
물 ………………………… 3컵
소금 ……………………… 약간
기름(볶음용) …………… 1큰술
오이 ……………………… 1/4개
생면 ……………………… 200g

1 고구마는 1센티미터 크기로 썰어서 찬물에 담가 두고, 양파, 양배추도 같은 크기로 썬다.

2 콩고기는 물에 30분간 불린 다음 물을 꼭 짜고 작게 썬다.

3 팬에 기름을 두른 다음 춘장을 넣어서 약한 불에서 은근하게 10분간 볶은 다음 야채와 콩고기를 넣어서 볶는다.

4 볶은 야채에 물을 넣어서 끓으면 소금, 설탕을 넣어서 간을 맞추고, 물녹말을 넣어 농도를 맞춘다.

5 오이는 씻어서 곱게 채 썰어 두고 냄비에 물을 넉넉하게 넣어서 끓으면 면을 넣어 삶는다. 끓어오를 때 찬물을 두 번 끼얹는다.

6 면을 깨끗하게 씻은 다음 뜨거운 물을 끼얹어 자장과 함께 그릇에 담고 오이 채를 올려 낸다.

🍳 고소하고 불맛 나는 자장

춘장을 충분히 잘 볶는 것이 자장의 포인트. 춘장과 기름을 넣어서 아주 약한 불에서 타지 않도록 충분히 볶아야 자장이 고소하고 채소와 잘 어우러진다. 채소를 볶을 때 술 1큰술을 넣고 불을 붙여 폭향을 하면 중국 음식점 자장면 맛을 낼 수 있다.

고구마자장면

춘장은 콩과 전분으로 만든 중국의 장으로 단백질을 보충해 주고, 변비를 예방해 주는 효능이 있다.
춘장에 비타민U가 풍부한 양배추, 콩으로 만든 콩고기, 지방의 흡수를 줄여 주는 양파와 함께
고구마를 넣어 단맛을 살린 자장면이다.

고구마커틀릿

커틀릿은 밀가루, 달걀, 빵가루를 묻혀 튀긴 것으로 겉의 빵가루가 바삭하면서 속은 부드럽다.
밀고기로 단백질과 씹는 질감을 보충해 부드러우면서 씹는 맛이 있는 고구마커틀릿을 만들어 보자.

고구마 ···················· 2개
밀고기 ···················· 10g
밀가루 ···················· 1/2컵
달걀 ······················· 1개
빵가루 ···················· 1컵
소금 ······················· 약간
후추 ······················· 1/4작은술
기름(튀김용) ··············· 적당량
돈가스소스 ················ 적당량

1 고구마는 씻어서 김 오른 찜통에 넣고 20분간 찐 다음 으깬다.

2 밀고기는 물에 20분간 불려서 작게 잘라 물기를 뺀다.

3 고구마와 밀고기를 섞은 다음 소금, 후추를 넣어서 간하고, 1센티미터 두께로 손바닥만 하게 만든다.

4 반죽한 고구마에 밀가루, 달걀, 빵가루 순으로 바른 다음 팬에 기름을 넉넉히 두르고 튀기듯이 굽는다.

5 튀긴 고구마커틀릿의 기름을 빼고, 돈가스소스를 얹어서 낸다.

홈 메이드 돈가스소스

밀가루와 올리브오일을 1:1 비율로 넣어서 갈색이 나도록 볶는다. 물을 조금 넣어 농도를 맞추고 월계수 잎을 넣어 끓인다. 여기에 바나나, 사과, 파인애플 등의 과일을 갈아서 넣고 간장, 식초, 설탕, 소금, 후추를 넣으면 완성.

고구마비빔밥

새싹채소는 다 자란 채소보다 비타민과 미네랄이 서너 배나 많고 소화도 잘된다.
몸 안의 신진대사를 활발하게 하고 몸속에 쌓이는 해로운 물질도 빼 주는
새싹채소와 고구마를 함께 비벼 식욕을 돋게 하는 비빔밥 레시피이다.

1 고구마는 곱게 채 썬 다음 찬물에 담가 전분을 없앤다.

2 상추는 얇게 자른 다음 찬물에 담가 두고, 새싹 채소도 찬물에 담갔다가 물기를 뺀다.

3 김치는 소를 털어낸 다음 잘게 썰어서 물기를 뺀다.

4 양파를 곱게 다진 다음 팬에 기름을 두르고 볶다가 마늘과 파를 넣고 고추장, 꿀, 물 넣어서 끓으면 불을 끈다.

5 그릇에 밥을 담고 고구마, 상추, 새싹채소, 김치를 올린 다음 4의 약고추장, 참기름을 얹어서 낸다.

🖋 양파 넣고 볶는 약고추장

약고추장은 원래 소고기를 잘게 다져 넣고 볶는 고추장이지만 고구마는 소고기와 궁합이 맞지 않기 때문에 양파로 만든다. 양파를 잘게 다져 고소한 맛이 나는 포도씨오일에 충분히 볶는데 너무 오래 볶으면 고추장이 타기 쉬우니 조심.

1 고구마는 길이대로 채 썰어서 팬에 물 1/2컵과 함께 넣어서 삶듯이 볶는다.

2 달걀은 풀어서 소금을 넣고 도톰하게 지단을 부치고 1센티미터 폭으로 김 길이에 맞게 썬다. 게살은 길게 자른다.

3 오이는 길이로 잘라 가운데 씨를 빼고 가늘게 썰어서 소금을 약간 넣고 절인 다음 물기를 빼고 팬에 살짝 볶아서 식힌다.

4 물 1컵에 식초 1작은술을 넣고 날치알에 부어 비린 맛을 없앤 다음 물기를 뺀다.

5 냄비에 분량의 촛물 재료를 넣고 약한 불로 끓여서 설탕과 소금이 녹으면 바로 불을 끄고 뜨거운 밥에 넣어서 잘 섞는다.

6 김발을 두꺼운 비닐로 싼 다음 김의 매끄러운 부분이 위로 오게 올리고 김의 2/3만 밥을 편다. 뒤집어서 고구마, 달걀, 오이, 게살을 넣어서 돌돌 말고 밥 위에 날치알을 바른다.

7 김밥을 1.5센티미터 두께로 자른 다음 접시에 담고 그 위에 수제 마요네즈를 뿌려서 낸다.

🥄 날로 먹는 날치알은 식촛물에 헹궈서

시판 날치알은 이미 조리되어 냉동 유통되기 때문에 바로 사용해도 되지만 익히지 않고 먹는 초밥의 날치알은 옅은 식촛물에 헹궈 요리하면 비린내가 나지 않고 보관도 오래 할 수 있다. 수제 마요네즈는 달걀노른자, 식초, 샐러드오일, 머스터드, 소금을 넣고 믹서나 거품기로 섞어 만들 수 있다.

고구마캘리포니아롤

캘리포니아롤은 캘리포니아 지방에 많이 나는 아보카도에
생선, 야채, 과일 등을 넣어 서구인의 입맛에 맞춘 스시롤로
밥이 김 밖으로 나오게 말아 풍성하게 장식한다.
아보카도 대신 고구마로 부드러움을 준 캘리포니아롤을 만들어 보자.

고구마해물볶음밥

고구마에 풍부한 해물의 맛을 더해 더 고소한 볶음밥이다.
새우, 오징어에는 단백질과 타우린이 풍부해 피로 회복에 좋으며, 혈중 콜레스테롤을 감소시켜 준다.

재료

고구마 ···························· 1개
새우살 ···························· 5마리
오징어 ···························· 1/2마리
양파 ···························· 1/4개
피망 ···························· 1/4개
밥 ···························· 2공기
기름(볶음용) ···················· 1큰술
소금 ···························· 약간
후추 ···························· 1/3작은술

1 고구마는 잘게 자른 다음 찬물에 담가 전분을 없애고, 양파와 피망도 같은 크기로 자른다.

2 새우살은 내장을 꺼낸 다음 엷은 소금물에 씻어서 고구마와 같은 크기로 썰고 오징어도 껍질을 벗긴 다음 같은 크기로 썬다.

3 팬에 기름을 두른 다음 고구마와 양파를 볶다가 새우살과 오징어를 넣어서 볶는다. 여기에 밥을 넣어서 볶는다.

4 볶은 밥에 소금과 후추, 피망을 넣어서 골고루 잘 섞이도록 한 번 더 볶은 다음 그릇에 담아서 낸다.

해물 씻는 소금물은 바닷물처럼

해물은 바닷물 농도의 소금물로 씻어야 해물의 맛이 삼투압으로 빠져 나가지 않는다. 알맞은 소금물의 농도는 물 1컵에 소금 1/2큰술.

<table>
<tr><td colspan="2">재료</td><td colspan="2">촛물</td></tr>
<tr><td>밤고구마</td><td>1/4개</td><td>식초</td><td>3큰술</td></tr>
<tr><td>자색고구마</td><td>1/4개</td><td>설탕</td><td>2큰술</td></tr>
<tr><td>당근</td><td>1/6개</td><td>소금</td><td>1/2큰술</td></tr>
<tr><td>달걀</td><td>1개</td><td>레몬</td><td>1/4개</td></tr>
<tr><td>미나리</td><td>10줄기</td><td></td><td></td></tr>
<tr><td>밥</td><td>2공기</td><td></td><td></td></tr>
<tr><td>식초</td><td>1작은술</td><td></td><td></td></tr>
<tr><td>기름(볶음용)</td><td>1큰술</td><td></td><td></td></tr>
</table>

1 밤고구마와 자색고구마는 각각 곱게 채를 썰어 물이 빠지는 자색고구마는 그대로 두고 밤고구마는 찬물에 담가 전분을 없앤다. 팬에 기름 1작은술을 넣고 따로따로 살짝 볶는다.

2 당근은 고구마와 같은 크기로 채 썰어서 살짝 데치고, 달걀도 황, 백으로 분리한 다음 얇게 지단을 부쳐서 곱게 채를 썬다.

3 미나리는 여린 것으로 고른 다음 식촛물에 5분간 담갔다가 물기를 없앤 다음 2센티미터 크기로 썬다.

4 냄비에 촛물 재료를 넣고 살짝 끓인 다음 설탕과 소금이 녹으면 불을 끄고 뜨거운 밥에 넣고 버무린다.

5 네모난 그릇이나 도시락 용기에 4의 초밥을 한 켜 깔고 그 위에 고구마, 당근, 달걀, 미나리를 얹고 다시 밥을 올린 다음 나머지 고구마, 당근, 달걀, 미나리를 얹어서 낸다.

신선한 채소를 홀뿌려 먹는 지라시초밥

생으로 먹는 채소는 식촛물에 담근 다음 물기를 빼서 올리면 초밥과 잘 어우러진다. 좋아하는 채소를 다양하게 얹어 먹을 수 있다.

고구마지라시스시

지라시스시는 초밥 위에 여러 재료를 흩뿌려 먹는 일본 전통요리로
해물, 채소, 달걀, 소고기 등 다양한 재료를 뿌려 먹는다.
뜨거운 밥에 촛물을 넣어서 재빨리 식혀 수분을 증발 시킨 다음
밥과 재료를 번갈아 얹어 예쁘게 담아낸다.

고구마크림스파게티

우유는 단백질을 비롯한 지방, 당질, 미네랄, 비타민 등
몸에 필요한 영양소가 55가지나 함유된 고영양 식품이다.
우유에 고구마를 섞어 간단하게 만드는 크림스파게티는
아이도 좋아하는 한끼 식사가 된다.

1 고구마는 껍질을 벗기고 작게 잘라서 냄비에 소금 1/3작은술과 물 2컵을 같이 넣고 삶는다.

2 냄비에 물을 넉넉히 붓고 끓으면 소금 1작은술과 올리브오일 1/2큰술을 먼저 넣고 스파게티 면을 넣어 6분간 삶는다.

3 파프리카와 양파는 굵게 채 썬다.

4 믹서에 삶은 고구마와 남은 물, 우유를 넣어서 곱게 갈아 고구마크림을 만든다.

5 팬에 기름 1과 1/2큰술과 양파를 넣어서 볶다가 삶은 스파게티 면을 넣고 볶은 다음 4의 고구마크림과 파프리카를 넣어서 한 번 더 볶은 다음 소금과 후추를 넣어서 간하고 접시에 담아낸다.

🥄 스파게티 면 미리 삶아 두려면

스파게티 면은 바로 조리할 경우 보통 6~7분 정도 삶지만 조리하는 시간이 오래 걸리거나 나중에 조리할 경우 1분만 삶고 건져서 오일에 버무려 1회 분량씩 냉장해 둔다. 필요한 만큼 꺼내서 먹기 전에 바로 소스에 버무려 볶으면 면이 쫄깃하다.

재료

고구마	1개
우유	1컵
파프리카(빨강·노랑·파랑)	각1/4개씩
양파	1/2개
소금	약간
후추	1/3작은술
올리브오일	2큰술
스파게티 면	150g
물	2컵

재료

고구마	1개
브로콜리	1/4송이
밀고기	15g
양파	1/4개
피망	1/4개
기름(볶음용)	1큰술
다진 마늘	1작은술
데미글라스소스	1/2컵
닭고기 육수	1/2컵
소금	약간
후추	1/3작은술

1 고구마는 깨끗하게 씻어서 사방 3센티미터 크기로 썰고 양파와 피망도 3센티미터 크기로 썬다.

2 브로콜리는 3센티미터 크기로 자른 다음 끓는 물에 소금을 조금 넣어서 삶아 찬물에 헹구고, 밀고기는 물에 15분 불린 다음 브로콜리와 같은 크기로 썬다.

3 팬에 기름을 두른 다음 마늘을 볶다가 고구마를 넣고 볶는다. 여기에 닭고기 육수 1컵을 넣고 끓이듯 볶는다.

4 3의 물이 자작해지면 데미글라스소스, 밀고기를 넣어서 국물이 거의 없어지도록 볶는다.

5 4에 양파, 브로콜리, 피망을 넣어서 한 번 더 볶은 다음 소금, 후추로 간을 맞춘다.

고구마와 브로콜리로 만든 찹스테이크

브로콜리를 데칠 때는 소금을 조금 넣으면 색이 더 선명해진다. 데친 다음 차게 식혀서 사용한다. 데미글라스소스는 고기 육수로 만든 소스를 윤이 나도록 반으로 졸인 프랑스식 소스. 흔히 사용되는 스테이크 소스도 데미글라스소스의 일종이다.

고구마찹스테이크

브로콜리에는 식이섬유, 비타민A, C, U가 풍부하고, 노화를 촉진하는 활성산소를 억제해서
항암 작용을 한다. 하루에 몇 송이씩 꾸준히 먹으면 좋은 식품으로
고구마와 함께 색다른 맛으로 즐겨 보자.

고구마피자

파프리카는 색에 따라 영양도 조금씩 다르다.
붉은색은 면역을 증가시키고, 노란색은 카로틴이 풍부해 감기 예방과 피부 탄력 유지에 도움이 된다.
녹색은 유기산이 풍부해 비만에 좋고 철분이 많아서 빈혈에도 효과적이다.

재료

고구마 ······················ 1개

미니파프리카(빨강 · 노랑 · 주황)

······························· 1개씩

양파 ······················· 1/2개

천연 모차렐라치즈 ········ 50g

올리브오일 ········· 2와 1/2큰술

머스터드소스 ············· 1큰술

소금 ····················· 1작은술

통후추 간 것 ············ 1작은술

다진 파슬리 ············· 1큰술

1 고구마는 0.5센티미터 두께로 썰어서 물에 헹군 다음 팬에 기름 2큰술을 두르고 부셔지지 않을 정도로 노릇하게 굽는다.

2 양파는 1센티미터 크기로 자른 다음 팬에 올리브오일 1/2큰술을 넣어서 볶는다. 여기에 소금과 후추를 넣는다.

3 미니파프리카는 얇게 썬다. 모차렐라치즈는 덩어리지지 않도록 한다.

4 구운 고구마에 머스터드소스를 바른 다음 볶은 양파를 얹고 그 위에 미니파프리카, 모차렐라치즈, 파슬리를 얹는다.

5 재료를 올린 고구마를 180도에서 5분간 예열된 오븐에 5~7분 구워서 치즈가 녹으면 꺼낸다.

🖌 미니 오븐을 쓸 때는

가스 오븐은 10분 이상 예열해야 하지만 미니 오븐은 5분만 예열한 다음 조리해도 된다. 미니 오븐은 온도가 정확하지 않을 수 있기 때문에 자주 들여다 보는 게 좋다.

재료

고구마	1개
양상추	4잎
토마토	1/2개
오이	1/5개
머스터드소스	2큰술
수제 케첩	2큰술
생크림	2큰술
햄버거 빵	2개
버터	약간
소금	약간

1 고구마는 껍질을 벗기고 잘라서 김 오른 찜통에서 20분간 찐 다음 체에 내려 식히고 소금 1/3작은술과 생크림 2큰술을 넣어서 버무린다.

2 1의 고구마 반죽을 1센티미터 두께로 납작하게 빚어 패티를 만들고, 양상추는 물에 5분간 담갔다가 물기를 뺀다.

3 토마토는 얇게 썰고 소금을 약간 뿌려 수분을 없애고, 오이는 얇고 어슷하게 썬다.

4 햄버거 빵은 마른 팬에 구운 다음 식혀서 버터를 바르고, 양상추, 머스터드소스, 고구마, 수제 케첩, 오이, 토마토, 양상추 순으로 올리고 빵으로 덮는다.

🥄 토마토는 수분을 빼고 넣어야

토마토는 수분이 많아 그냥 사용하면 버거가 질퍽해지고, 고구마 패티의 모양을 무너뜨릴 수 있으니 소금을 뿌린 다음 키친타월이나 면포로 수분을 충분히 뺀 후 넣는다. 케첩은 잘 익은 토마토를 데친 다음 껍질과 씨를 제거하고 소금, 설탕, 식초, 양파즙, 꿀이나 조청을 넣어서 만들 수 있다.

고구마버거

담백해서 여성과 어린이 간식으로 좋은 고구마버거에는
토마토와 양상추가 함께 들어가 입 안에서 씹히는 질감이 좋다.
토마토의 붉은 색에 많은 리코펜이라는 성분이 노화를 억제하고 항암 효과가 있다.
양상추에는 칼슘도 풍부해 뼈가 튼튼해지고, 골다공증도 예방된다.

고구마해물치즈찜

낙지, 홍합, 새우와 같이 얼큰하게 양념해서 치즈로 감싼 고구마 요리는 술안주로도 그만이다.
낙지는 철분이 풍부해 빈혈에 좋고 피로하거나 기력이 떨어질 때 힘을 주는 해물이다.

1 고구마는 깨끗하게 씻은 다음 3센티미터 크기로 잘라서 찬물에 헹군다. 피
  망은 3센티미터 크기로 자른다.

2 새우는 두 번째 마디에서 내장을 꺼내고, 그린홍합은 씻어 둔다.

3 낙지는 소금을 넣어서 주무른 다음 찬물에 20분간 담가 부드러워지면 6센
  티미터 길이로 자른다.

4 팬에 기름을 두른 다음 마늘을 넣어서 볶는다. 여기에 고구마와 새우를 넣어
  서 볶다가 물을 넣고 끓인다.

5 물이 자작해지면 토마토소스, 고추장, 그린홍합, 낙지와 청주를 넣어서 국물
  이 거의 없어지도록 끓인다.

6 소금, 후추를 넣어서 간하고 피망을 넣어서 버무린 다음 다진 모차렐라치즈
  와 파슬리를 뿌려서 오븐에 넣고 190도에서 5분 가열한 다음 꺼낸다.

낙지 깨끗하고 부드럽게 씻는 법

낙지는 소금에 문질러 씻으면 미끌미끌한 것이 없어지지만 살이 단단해지고
짜지니 찬물에 담가 수축된 육질을 부드럽게 한 후 조리한다. 밀가루나 쌀뜨
물로 씻으면 바로 사용할 수 있다.

재료

재료	분량
고구마	1과 1/2개
피망	1/4개
새우	4마리
그린홍합	4마리
낙지	1마리
천연 모차렐라치즈	50g
다진 마늘	1큰술
올리브오일	1큰술
토마토소스	1/2컵
고추장	1큰술
청주	1큰술
소금	약간
후추	1/2작은술
다진 파슬리	1큰술
물	1컵

옷, 장바구니, 그리고 상상력

친환경생활수기공모전 수상작 | **박경화** (서울시 마포구 성산동)

우리 곁에서 사라지는 풍경

일기예보는 비껴가질 않았다. 폭염주의보가 내려
졌다더니 아침부터 숨이 턱턱 막힐 정도로 덥다.
여름은 푹푹 찌는 더위가 제 맛이고 겨울은 코가
알싸한 추위가 제 맛이 아니었던가? 피하려 하기
보단 이 더위를 즐기는 법을 배워야 하리. 이렇게
생각하고 바라보니 따가운 여름볕이 참 아깝다.
집안 구석구석에 있던 옷가지를 모아 한 아름 빨
래를 했다. 그리고 볕이 잘 드는 골목에 빨래건조
대를 내놓았다. 빨래에서 떨어지는 물방울이 '토
도-독' 굴러 떨어졌다. 그런데 지나가던 아주머니
가 한 마디 하셨다.

"세탁기에서 탈수를 시키지, 빨래에서 물이 뚝
뚝 떨어지네."

그래, 요즘에 세탁기 하나 없는 집이 어디 있을
까. 그런데 볕이 강한 이 여름에 많지도 않은 빨래
를 하면서 굳이 에너지를 쓸 필요가 있을까 하는
생각이 들었다. 볕에 잠깐 내걸어 놓으면 자연의
에너지가 바싹 말려 주고 덤으로 좋은 향까지 품
게 해 주지 않는가? 그렇잖아도 한여름에 에너지
피크타임이 가장 높은 그래프를 그리는데 나까지
보탤 필요는 없지. 집집마다 세탁기를 쓰면서 빨
래에서 물이 뚝뚝 떨어지는 이런 풍경도 점점 사
라지고 있다. 옷에 대한 풍경 가운데 사라지는 것

은 비단 이것뿐만이 아니다.

"어머나, 이 옷이 여기 들어 있었네."

어느 날, 얼룩이 묻은 베개를 씻으려고 베개보를 뜯었다. 그런데 그 속에 어릴 적 내가 입었던 옷들이 가지런히 들어 있었다. 울컥, 눈물이 솟을 만큼 반가웠다. 날마다 베고 자는 베개 속에 어린 시절 내 옷이 들어 있었구나. 오랜만에 반가운 친구를 만나는 것 같았다.

젊은 시절 엄마는 입지 않는 옷이나 천을 모아서 생활소품을 만들곤 하셨다. 언니 옷을 줄여 동생 옷을 만들고, 오래된 한복 천으로 이불이나 베개보를 만들기도 했다. 낡아서 더 이상 입을 수 없는 옷은 걸레나 행주가 되어 다른 쓰임새로 대변신했다. 그냥 버려지는 것은 없었다. 아이들이 자라면서 입을 수 없게 된 옷을 모아서 엄마는 베개를 만드셨던 모양이다. 베갯속에 들어있던 내 옷은 무척 작고 낡아 있었다. 내가 이렇게 작았구나. 이 옷을 입고 들판에서 메뚜기 잡고 냇가에서 첨벙거렸는데…… 잊고 지냈던 추억이 되살아나 한동안 가슴이 먹먹했다.

옛 여인들은 누구나 옷 짓고 수선하는 법을 배웠다. 시집갈 준비를 하는 처녀들은 한 땀 한 땀 바느질하고 고운 수를 놓아 정갈한 식탁보를 만들고 새댁은 아이 옷과 생활소품까지도 바지런하게 만들어 썼다. 그리고 바깥에 있는 건장한 사내들은 굵은 땀을 흘리며 집을 짓고 담장을 쌓고 농사일에 필요한 농기구도 척척 만들어 냈다. 이 모든 노동은 생활에 꼭 필요한 것이었고 마을 사람들 누구나 한 가지씩 이런 기술을 익히고 있었다. 그렇지만 지금 도시에 사는 내 삶은 무척 다르다.

내 손으로 만들 생각은 좀체 하질 않는다. 쉽게 사고 쉽게 정리해서 버린다. 수선할 것은 수선집에 맡기고 그 시간에 쇼핑을 하러 나간다. 그저 내가 아는 건 폼 나는 것을 사서 적당히 쓰다가 적당

한 때에 버리는 것이다. 그리고 새로운 것을 사기 위해 밤낮 열심히 일을 하는 것뿐이다. 과연 이런 내 삶이 예전 어른들의 삶보다 보람 있다고 할 수 있을까?

비정상과 옷 수선

재봉틀에 처음 관심이 생긴 건 '특별한' 내 체형 때문이었다. 따지고 보면 평범하기 이를 때 없는 몸매이지만 옷을 고를 때마다 그 특별함을 실감해야 했다. 옷장을 열어 놓은 채 한 시간째 거울을 들여다 보았다. 이렇게 입으면 어떨까? 아니야, 저 옷이 낫겠어. 다른 옷을 꺼내고 아무리 맞추어 봐도 한눈에 쏙 들어오는 옷이 없다.

"왜 이렇게 입을 옷이 없지?"

죄 없는 옷장을 흘겨본다. 모처럼 가게에서 큰 맘 먹고 옷 한 벌을 샀다. 모델이 입고 있는 옷이 무척 마음에 들었기 때문이다. 그런데 집에 와서 입어 보니 모델 같은 옷맵시가 나질 않았다. 지금까지 샀던 대부분의 옷이 그랬다. 한껏 설레면서 고른 것도 우리 집에 오는 순간 옷장에 걸려 있는 흔하디흔한 옷에 지나지 않았다. 옷을 고를 때도 다른 사람보다 시간이 더 필요했다. 품이 맞으면 소매가 길고 허리가 적당하면 바짓단이 넓고 길었다. 그럴 때마다 이렇게 투덜거렸다.

"진정 내 체형은 비정상이란 말인가?"

옷은 왜 다양하지 않고 키가 크고 늘씬한 사람을 기준으로만 생산하는 걸까? 세상은 넓고 사람의 체형 또한 다양하지 않은가 말이다! 그러나 누굴 탓하랴. 내가 표준체형이 아닌 것을…… 그렇다면 방법을 바꾸자! 남들과 다른 개성을 즐기는 거야. 표준체형 범주에서 벗어난 그리 달갑지 않은 특별함을 긍정적으로 받아들이기로 했다. 세상 모든 일은 마음먹기 나름이지 않은가?

자연스레 옷을 수선하는 것에 관심이 생겼다. 사실 이것은 어릴 때부터 시작되었다. 넉넉지 않은 시골살림이라 언제나 언니가 입던 옷을 물려입었다. 그런데 날씬하게 쭉쭉 자라는 언니에 비해 통통하게 살이 오른 나는 무척이나 천천히 자랐다. 언니가 입던 옷은 대부분 소매와 바짓단을 접어야 했다. 이웃집에서 얻어온 옷, 도시 사는 친척집에서 보내온 옷도 사정은 다르질 않았다. 어디서 어떻게 온 것인지 사연과 출처는 접어 두고 그저 몸에 맞으면 고맙게 입고 다녔지만 이 모든 옷의 공통점은 조금씩 수선이 필요하다는 것이었다. 몇 해가 지나 어느덧 내 키도 자라고 옷이 딱 맞을 때가 오면 이젠 옷이 너무 닳아 있었다. 결국 한 번도 내 몸에 맞게 입어 보질 못한 채 옷의 운명은 저물고 말았다.

그러던 몇 해 전, 작은 재봉틀을 샀다. 앞으로도 나는 쭉 '비정상 체형'으로 살 것이고 계속 수선을 해야 하니 재봉틀을 구하는 것이 낫겠다 싶었다. 손바느질은 어쩐지 늘 엉성했고 번번이 수선집에 맡기는 건 부담스러웠다. 바짓단은 '드르륵' 한 번에 정리되고 단춧구멍과 지퍼도 말끔하게 달 수 있었다. 재봉틀이 생기니 세상에 대한 괜한 원망도 수그러들었다. 신이 났다. 새로운 세상이 열린 것 같았다. 얼른 이 옷을 입고 외출하고 싶었다.

옷을 수선한 자리에는 늘 자투리 천이 남았다. 또 한바탕 집안 정리를 하고 나면 입지 않는 헌옷과 여러 가지 조각천도 제법 모였다. 박음질에 재미가 생기자 옷 수선을 넘어 새로운 뭔가를 만들고 싶은 욕구가 생겼다.

"뭘 만들면 좋을까?"

집안을 찬찬히 살피다가 목표물을 하나 발견했다. 첫 번째 도전, 가장 만만한 장바구니를 선택했다. 단순하게 생겼지만 다양한 쓰임새가 있는 장바구니는 재봉틀 초보인 나도 만들 수 있을 것 같았다. 그리고 장바구니를 즐겨 쓰면서 비닐봉투 사용도 줄여 보자 싶었다.

비닐봉투 줄이기 대작전

장을 보고 돌아와 채소와 과일을 냉장고에 넣고 나면 늘 비닐쓰레기가 쌓였다. 어느덧 집안에서 가장 흔하고 흔한 것이 비닐봉투가 되었다. 한 곳에 모아 두었다가 필요할 때 꺼내 쓰지만 어쩐지 줄어들지 않고 점점 늘어만 갔다. 그렇다고 한꺼번에 버리자니 좀 아깝다. 하늘거리는 이 얇은 비닐봉투를 한 장 만드는데도 얼마나 많은 노력과 에너지가 들었을까?

석유가 땅 속에서 생성되는 시간은 수억, 수천만 년, 땅 속에서 뽑아 올린 석유를 한반도로 실어와 가공품을 만들기까지 수개월, 다시 이 얇은 비닐봉투를 만들려면 여러 복잡한 과정을 거치고 많은 에너지가 들었을 것이다. 그런데 우리가 사용하는 시간은 얼마나 될까? 가게에서 물건을 담아서 집으로 돌아오는 한 시간 남짓이나 될까? 그냥 버리긴 아깝고 그렇다고 계속 보관하기엔 너무 흔하고 많다. 그냥 버리면 자연분해되는데 수백 년이 걸려 두고두고 문제를 일으키지 않는가? 비닐봉투가 눈을 흘기며 이렇게 말하는 것 같았다.

"이렇게 잠깐 쓰고 매정하게 버릴 거면서 왜 나를 깊은 땅속에서 꺼낸 거니?"

이렇게 따진다 해도 나는 할 말이 없다. 그럼, 작심하고 오늘부터 한번 줄여 볼까? 곰곰이 생각해보니 일회용 포장지 사용을 줄여보자는 생각은 오래 되었지만 번번이 가방이나 장바구니를 챙겨 가질 않아서 비닐봉투에 담아오곤 했다. 또 시장에서 비닐봉투는 이제 서비스이자 인심이 되었다. 손님이 불편해하지 않도록 여러 겹에 담아 주는 주인의 배려를 외면하기 어려워 그냥 들고 오곤

했다. 하지만 가게 주인이 천장에 매달린 비닐봉투를 '톡' 뜯어서 익숙한 손놀림으로 잽싸게 물건을 담기 전에 내가 장바구니를 쫙 열면 되지 않을까? 이렇게 튼튼한 장바구니를 챙겨 왔노라고 활짝 웃으면서 말이다.

첫 도전인 장바구니 만들기는 어렵지 않았다. 네모난 천을 반으로 접어 양쪽을 박음질하고, 가방 끈을 달면 완성이었다. 단추나 주머니 같은 장식을 달면 한결 새로운 느낌으로 변신했다. 다만 새로운 작품을 만들기 위해 적당한 천과 어울리는 무늬를 고르고 디자인하는 데 시간이 좀 걸렸다. 따지고 보면 이 단순한 작업도 엄연한 창작이지 않은가.

처음 해 보는 재봉질은 무척 흥미로웠다. 내가 상상하는 대로 무엇이든 바꿀 수 있었다. 알록달록한 천 조각을 방바닥 가득 펴놓고 새로운 작품을 구상하다보면 시간이 후다닥 지나 어둑어둑해질 무렵에야 자리를 털고 일어서곤 했다. 제멋대로 생긴 천을 잘라서 색깔을 맞추고 천의 질감을 맞추고 어떤 장식을 달아 볼까 구상하다 보면 상상력도 풍부해졌다. 꽤 괜찮은 취미생활이 생긴 것이다. 그러나 만드는 것보다 중요한 것은 애써 만든 장바구니를 부지런히 챙기는 일이었다.

장바구니를 사랑하는 법

우선 장바구니를 여러 개 만들어 외출하는 가방이나 옷 주머니에 챙겨 넣었다. 또 외출하기 전에 반드시 지나치는 현관 신발장 위에도 가지런히 접어두었다. 그리고 여행 떠나는 배낭 속에도 장바구니를 작게 접어서 챙겨 넣었다. 여행길에서는 짐을 줄이고 싶어 으레 일회용품을 많이 쓰는데, 장바구니가 있으면 이것을 줄일 수 있기 때문이다. 손닿는 곳, 눈에 띄는 곳에 장바구니를 놓아 두면서 비닐봉투 사용은 부쩍 줄어들었다. 그리고 뜻밖의 쓰임새도 발견할 수 있었다.

외출했을 때 예상치 못한 물건을 사게 되거나 갑자기 물건을 담아서 옮겨야 할 일이 있다. 가방은 비좁고 손에 들고 다니기에는 불편할 때 장바구니를 '짜잔!' 꺼내면 가볍게 해결되었다. 이때 눈을 동그랗게 뜬 사람들에게 내가 만든 것이라며 우쭐해 하는 기분도 꽤 괜찮다. 이렇게 장바구니는 비상대기조가 되어 언제나 내 가방 속에 들어 있다.

재봉틀질에 흥미가 생기면서 작은 자투리천도 허투루 버리지 않게 되었다. 조각 천을 모아 베개를 만들고 싫증난 옷의 모양도 바꿔 보았다. 그러나 내 재봉틀 솜씨는 그리 자랑할 정도는 아니다. 특별히 배운 적도 없고 짬이 날 때마다 내 방식대로 해 보는 정도라서 실력은 늘 제자리걸음일 뿐이다. 그저 끝없는 호기심과 놀라운 실험정신만은 높이 평가해 달라고 할 만하다.

이렇게 온갖 궁리를 하면서 만든 장바구니를 친구들에게 선물했다. 세상에서 하나밖에 없는 나만의 선물이 아니던가 말이다. 좋은 선물이라며 다들 좋아했다. 그런데 선물을 한 뒤 사람들의 반응과 이야기를 들어보니 작은 장바구니 하나에도 미적 감각이 필요하다는 것을 깨달을 수 있었다. 우리가 사는 도시에는 물건이 참 흔하고 흔하다. 가게나 행사장에서 공짜로 나눠 주는 장바구니 역시 흔하다. 그러나 어떤 것이든 예쁘고 내 맘에 쏙 들어야 열심히 챙기고 잃어 버리지 않으려 애쓰게 된다.

장바구니 역시 그래야 했다. 비록 반바지에 슬리퍼를 신고 시장에 가더라도 누가 봐도 장바구니가 분명한 전형적인 모양보다는 '가방일까, 쇼핑

94

백일까?' 눈길을 끌고 호기심이 생기는 독특한 것을 좋아했다. 장바구니를 정말 좋아해서 부지런히 챙겨야만 비닐봉투 사용도 줄일 수 있는 것이다. 지구를 생각하는 환경실천법이 그저 허리띠를 졸라매고 불편함을 감수하는 의무감이 아니라 한눈에 반할 정도로 예쁘고 좋아서 마음이 저절로 움직여지는 것, 좀 더 간편하고 홀가분해서 특별히 의식하지 않고도 행동할 수 있는 것이라면 더 나은 결과를 얻을 수 있지 않을까 하는 생각이 들었다. 장바구니를 만드는 것만큼이나 이런 작은 실천법을 찾는 일에도 무궁무진한 상상력이 필요하다. 이젠 이런 상상력을 즐겨 담아야겠다.

옷에 대한 생각을 바꾸는 법

볕에 잘 마른 빨래를 걷어와 정리를 했다. 입을 옷이 없다고 투덜거렸지만 빨래를 하고 옷장을 정리하다보면 살림살이 가운데 옷이 가장 많다. 길거리에서 가격 부담이 적은 옷을 하나 둘 골랐더니 티셔츠만 해도 서랍장을 하나 가득 채워 버렸다. 젊은 시절 우리 엄마는 바느질을 하고 재봉틀을 돌리면서 알뜰하게 사셨지만 어느덧 그 시절 엄마 나이가 된 내 생활은 그렇지 못하다. 거리마다 가게마다 싼 옷이 차고 넘치기 때문이다.

'패스트 패션'이라는 신종어가 생길 정도로 싼값에 나온 옷들은 한철 입은 뒤 그냥 버려도 아쉽지 않다. 이제 우리에게 옷은 일회용이 되어 버렸다. 그런데 이 많은 옷은 어디로 가고 있는 걸까? 일회용 대하듯 옷을 가볍게 입고 버리면서 옷 쓰레기는 산을 이루고 있다. 요즘 옷은 천연섬유보다 화학섬유가 많아서 땅에 묻히면 분해되는 데 오랜 시간이 걸리고 태우면 유독가스를 내뿜는다. 한 때는 얼룩이 묻을까 닳을까 애지중지 했던 옷이 환경오염을 일으키고 골칫거리 신세가 된다면

그것을 바라보는 내 맘 역시 편할 리가 없다.

반성하는 뜻으로 당분간 옷을 사지 않고 견뎌보기로 했다. 한 달, 두 달, 6개월……, 얼마동안은 옷에 대한 집착 없이 잘 넘겼지만 차오르는 소비욕구를 참지 못해 어금니를 깨물었던 적도 있었다. 다행히 지금까지 여러 계절을 무사히 넘겼다. 그동안 과연 무슨 일이 벌어졌을까? 은근히 기대가 되고 걱정도 되었다. 결론은 예상 밖이었다. 아무 일도 일어나지 않았다. 옷이 없어서 쩔쩔 맨 적도 없고 여전히 옷장에는 계절이 다 지나도록 한 번도 입지 않아 바깥 구경도 못한 옷들이 시무룩한 표정을 짓고 있다.

물론 달라진 것이 아주 없지는 않다. 바로 내 마음이다. 부족하다고 불평부터 늘어놓지 말고 지금 내가 가진 이 옷을 좀 더 애정을 가지고 입어야겠다는 생각이 들었다. 옷은 피부처럼 나를 보호하고 감싸 주는 것이다. 그리고 내 삶의 태도와 생각을 표현해 주는 대변자이기도 하다. 어느 자리에 어떤 옷을 입느냐도 중요하지만 그것이 꼭 비싼 새 옷일 필요는 없다. 때와 장소에 맞는 깔끔한 옷, 내게 어울리는 편한 옷이면 충분하다.

한철 입었다가 가볍게 버리는 옷이 아니라 맘에 쏙 드는 옷을 오래오래 잘 입으면 된다. 그 옷의 생명이 다한 뒤에는 장바구니가 되든 베개보가 되든 새로운 쓰임새로 되살아나 다시 제 몫을 할 수 있으면 된다. 그렇게 된다면 옷들도 꽤 괜찮은 인생이었노라고 흐뭇해하지 않을까?

| 이 글은 「살림로하스」 시리즈 출간을 기념하여 살림출판사와 녹색연합, 한살림, 예장생협, 무공이네, 마이클럽이 공동으로 주최한 2009년 「친환경생활수기공모전」의 수상작입니다.

CHAPTER 05

아이들이 좋아하는
고구마 음료&간식

고구마로 만드는 간단한 음료와 간식은
식사대용으로도 손색이 없을 만큼 포만감이 크고, 영양도 풍부하다.
간단하게 만들어도 자꾸 손이 가는 음료와 간식을 만들어 보자.

고구마스킨

치즈는 단백질뿐 아니라 지방도 많이 함유되어 있지만,
치즈의 지방은 소화가 잘 되어 우유에 거부감이 있는 사람에게도 부담이 덜 하다.
양파와 고구마가 어우러져 맛이 깔끔하고, 모양도 예뻐 아이들 영양 간식이나 손님상에 내기에 좋다.

재료
고구마 ································ 2개
밀고기 ································ 5g
양파 ································ 1/4개
포도씨오일 ···················· 1/2큰술
소금 ································ 약간
후추 ································ 1/3작은술
천연 치즈(체다 또는 모차렐라)
································ 40g

1 고구마는 깨끗하게 씻은 다음 길이로 반 갈라서 김이 오른 찜통에
  넣어서 속까지 푹 익도록 찐다.
2 밀고기는 물에 15분간 담근 다음 물기를 빼고 작게 썰고, 양파도 같
  은 크기로 썬다.
3 팬에 기름을 두른 다음 양파와 밀고기를 볶다가 소금과 후추를 약간
  넣어서 볶는다.
4 찐 고구마를 수저로 약간 파서 볶은 밀고기와 양파를 넣고, 치즈를
  썰어서 올려 180도의 오븐에서 5분간 굽는다.

🖎 사우어 크림소스

고구마스킨에 곁들여 먹으면 좋은 소스는 사우어 크림소스. 생크림을
유산균 발효시켜서 만든 것으로 시판되기도 한다. 사우어 크림소스를
만들려면 생크림과 플레인 요구르트를 섞거나 생크림에 식초를 약간
넣어서 믹서로 갈아 섞으면 된다.

재료

고구마	·························	1개
설탕	·························	1/2컵
포도씨오일	················	적당량

1 고구마는 채를 썰어서 찬물에 담갔다가 물기를 뺀다.
2 고구마를 150~160도 온도에서 은근한 갈색이 되도록 튀긴 다음 키친타월을 깔고 식혀 기름을 뺀다.
3 튀긴 고구마스틱을 그릇이나 종이 봉지에 담은 다음 설탕을 뿌리고 잘 섞어서 낸다.

바삭바삭한 고구마스틱

고구마스틱은 일정한 온도에서 튀겨야 속까지 바삭해진다.
기름도 양을 넉넉하게 부어서 처음 온도 그대로 마지막까지 튀기는 것이 중요. 튀김냄비는 옆으로 넓은 것보다 속이 깊은 것이 일정한 색을 내기에 좋다.

고구마스틱

발연점이란 기름을 가열했을 때 연기가 나는 시점의 온도로 튀김을 할 때는
발연점이 높은 기름을 이용하는 것이 좋다. 포도씨오일은 다른 기름보다 발연점이 높아
튀김이 깨끗하면서 고소한 맛도 많이 난다.

고구마경단

견과류에는 뇌신경 세포를 성장시켜 두뇌 발달에 좋은 불포화 지방산이 풍부하고, 비타민E도 많다.
고구마경단에 견과류를 다양하게 넣어 고소한 맛과 영양을 높인다.

재료

고구마	2와 1/2개
꿀	2큰술
호두	2큰술
땅콩	1큰술
말린 과일	2큰술
카스텔라	2개
쑥가루	2큰술
검은깨	5큰술

1 고구마는 껍질을 벗기고 찬물에 담가 전분을 없앤 다음 물기를 빼고 김 오른 찜통에 넣어서 30분간 찐다.

2 찐 고구마를 체에 한 번 내린 다음 꿀 1큰술을 넣어서 버무린다. 호두, 땅콩, 말린 과일은 잘게 썬다.

3 2의 찐 고구마에 견과류와 말린 과일을 속으로 넣어서 둥글게 다시 빚는다.

4 카스텔라는 껍질을 벗기고 체에 내려서 3등분한 다음 하나에는 쑥가루, 다른 하나에는 검은깨를 가루 내어 섞고 나머지 하나는 카스텔라 가루 그대로 고물을 만든다.

5 고구마 경단의 겉에 꿀을 바른 다음 4의 고물에 버무려서 그릇에 담아낸다.

🖌 고구마 반죽은 잘 치대야

찐 고구마를 체에 거른 후 바로 뭉쳐서 소를 넣으면 쉽게 갈라져 버린다.
고구마 반죽을 여러 번 치댄 후 뭉쳐야 경단이 예쁘게 빚어진다.

재료

고구마 ················· 1과 1/2개
설탕 ···················· 1/4컵
기름(튀김용) ··········· 적당량
검은깨 ················· 2큰술
찬물 ···················· 1작은술

1 고구마는 사방 3센티미터 크기로 자른 다음 찬물에 담가 전분을 없애고 물기도 뺀다.

2 튀김냄비에 기름을 넉넉히 부은 다음 100도에서부터 고구마를 넣어서 갈색이 되도록 튀긴다.

3 2의 튀겨진 고구마를 건져 내서 기름을 빼고, 팬에 기름 1큰술, 설탕 1/4컵 넣어서 갈색이 되도록 녹인다.

4 접시에 기름을 발라 두고, 찬물도 따로 담아 둔다.

5 3의 녹은 설탕을 1분 동안 저어 실이 생기도록 한 다음 2의 튀긴 고구마를 넣어서 버무리고, 검은깨를 넣어 섞는다.
여기에 찬물 1작은술을 넣어 달라붙지 않게 한다.

6 설탕에 버무린 고구마를 하나씩 떼어 내서 접시에 담은 다음 식혀서 그릇에 담는다.

🖌 고구마는 약한 불로 튀겨야

고구마를 너무 센 불에서 튀기면 겉면만 색이 나고 속까지 잘 익지 않기 때문에 아주 낮은 온도에서 넣어서 속까지
익힌 다음 겉면이 갈색이 되도록 튀긴다.

고구마빠스

빠스는 실이란 뜻의 중국식 맛탕으로 설탕을 갈색이 되도록 녹이고
충분히 저어서 실이 생기도록 한 다음 고구마, 바나나, 찹쌀떡 등을 버무린 요리이다.
뜨거울 때 얼음물에 담그거나 찬물을 뿌려 겉면의 설탕을 굳힌 다음 속은 뜨겁게 먹는다.

고구마라떼

고구마에 잘 어울리는 우유를 같이 넣고 갈아 부드럽게 마시는 음료로 고구마를 삶아 두었다 간단하게 만들면 포만감에서나 영양 면에서나 아침식사로도 든든하다.

재료

고구마	1개
시럽	4큰술
우유	400ml
물	2컵

1 고구마는 껍질을 벗긴 다음 2센티미터 크기로 잘라서 찬물에 담가 전분을 없앤 다음 냄비에 물 2컵과 같이 넣어서 끓인다.

2 1의 냄비의 물이 거의 없어지면 불을 끄고 차게 식힌다. 믹서에 우유, 시럽과 같이 넣어서 곱게 간다.

🥄 시럽 만드는 방법

시럽은 설탕과 물을 1:1로 넣고 약한 불에서 젓지 않고 그대로 끓이면 완성.

말린고구마꿀차

꿀은 몸을 따뜻하게 하고 피로 회복에 좋은 식품이다. 고구마를 말려서 볶아 만든 꿀차는 갈증을 해소하고, 꾸준히 먹으면 면역기능도 향상된다.

재료

말린 고구마 볶은 것	40g
꿀	2큰술
잣	1/2큰술
물	3컵

1 말린 고구마 볶은 것은 찬물에 헹군 다음 냄비에 분량의 물과 같이 넣어서 끓인다.

2 끓기 시작하면 약한 불에서 15분간 더 끓인 다음 체에 거른다.

3 고구마차에 꿀을 넣고 잣을 띄워서 낸다.

🥄 구수하게 볶은 고구마차

고구마는 얇게 썰어 해가 잘 드는 곳에서 속까지 완전히 말린 다음 마른 팬에서 겉이 약간 갈색이 되도록 볶아야 차 맛이 구수하다.

고구마요구르트셰이크

요구르트는 우유가 유산균에 의해 발효된 것으로 유산균의 먹이인 당이 산성으로 바뀌어서 신맛이 난다. 우유를 소화시키지 못하는 사람도 부담 없이 즐길 수 있다.

1 자색고구마는 껍질을 벗긴 다음 작게 잘라서 김이 오른 찜통에서 속까지 익도록 10분간 쪄서 식힌다.
2 1의 고구마와 얼린 플레인 요구르트, 얼음, 시럽, 물을 넣어서 곱게 간 다음 컵에 담고 빨대를 꽂아서 낸다.

집에서 만드는 요구르트

약국에서 구할 수 있는 유산균을 우유에 타서 청국장기계로 만들거나 하룻밤 따뜻한 방에서 발효시켜 단단하게 굳으면 냉장고에 보관한다.

재료

자색고구마	1개
얼린 플레인 요구르트	200g
시럽	3큰술
얼음	약간
물	1컵

고구마망고주스

열대과일 망고에는 비타민A, C, D과 마그네슘이 많으며, 카로틴이 녹황색채소와 비슷하게 들어 있다. 섬유질도 풍부해 변비 해소에도 좋다.

1 호박고구마는 껍질을 벗긴 다음 1센티미터 크기로 잘라서 찬물에 담가 전분을 없애고 김이 오른 찜통에 넣어서 20분간 찌고 체에 내려서 냉장 보관한다.
2 망고는 노랗게 잘 익은 것으로 골라 껍질을 벗기고 씨가 있는 한가운데를 비켜서 칼을 넣고 양쪽 과육을 발라 낸 다음 체에 거른다.
3 찐 고구마와 망고를 잘 섞은 다음 시럽, 탄산수를 섞어서 얼음을 곁들여 컵에 담아낸다.

노랗게 잘 익은 망고로

망고는 처음에 녹색을 띠다가 다 익게 되면 속은 부드러워지고 겉은 노란색이 된다. 주스에 사용하는 망고는 잘 익어 노란색이 된 것을 사용해야 달고 맛있다. 상큼한 맛을 원한다면 애플망고를 사용한다.

재료

호박고구마	1개
망고	1개
탄산수	400ml
시럽	2큰술
얼음	약간

고구마설기케이크

양은 적어도 양질의 단백질을 가진 우리의 주식 쌀과 고구마를 함께 쪄서 만든 설기케이크는
달지 않으면서 담백하고 고소해 따뜻한 차나 차가운 음료 어느 것과도 잘 어울린다.

자색고구마가루 ·············· 4큰술
고구마 ······················ 1/2개
쌀가루(방앗간에서 빻은 것)
···························· 4컵
호박씨 ······················ 1큰술
석이버섯 ····················· 2잎
대추 ························ 1개
물 ························· 3큰술
소금 ························ 약간
설탕 ························ 2큰술

1 고구마는 껍질을 벗기고 얇게 저며서 찬물에 헹군 다음 물기를 빼고 설탕 1
  큰술을 넣고 버무린다.
2 쌀가루, 자색고구마가루, 소금과 물 3큰술을 넣어서 섞은 다음 체에 내린다.
  석이버섯은 끓는 물을 넣어서 부드러워지면 문질러 씻은 다음 물기를 빼서
  곱게 채 썬다.
3 대추는 씨를 뺀 다음 돌돌 말아서 얇게 썬다.
4 김이 오른 찜통에 면포를 깔고 케이크 틀에 종이를 두르고 물을 뿌린 후
  쌀가루를 반만 넣고 그 위에 고구마를 얹고 다시 쌀가루를 얹어서 10분간
  찐다.
5 떡이 다 쪄지면 불을 끄고 5분간 뜸을 들인 다음 뚜껑을 열어서 떡 위에 석
  이버섯, 호박씨, 대추로 고명을 얹는다. 떡을 촉촉하게 하려면 면포를 덮어
  서 식힌다.

방앗간에서 곱게 빻는 쌀가루

하룻밤 불린 쌀을 방앗간에 가져가면 소금 간을 해서 백설기용으로 곱게 빻아
준다. 떡 만들기에 자신이 있다면 소금 없이 빻아 달라고 해서 기호에 맞춰 간
을 한다.

재료

고구마	2개
피망	1/4개
당근	1/6개
양파	1/4개
소금	약간
후추	1/3작은술
포도씨오일	적당량
밀가루	1/2컵
빵가루	1컵
달걀	1개

1 고구마는 껍질을 벗기고 잘라서 찬물에 담가 전분을 없앤 다음 김 오른 찜통에 넣어서 20분간 푹 쪄서 체에 내린다.

2 피망, 당근, 양파는 잘게 썰어서 팬에 기름을 조금 두른 다음 살짝 볶는다.

3 찐 고구마와 볶은 채소를 잘 섞은 다음 소금과 후추를 약간 넣어서 간을 하고 타원형이 되도록 뭉친다.

4 달걀은 풀어 놓고 빵가루에는 물 3큰술을 뿌려 촉촉하게 둔다.

5 뭉친 고구마에 밀가루, 달걀, 빵가루를 차례대로 무친 다음 190도에서 겉에 갈색이 나도록 재빨리 튀긴다.

🥄 크로켓은 눅눅하지 않게

크로켓에 들어가는 채소는 충분히 수분을 빼야 겉이 바삭하다. 팬을 충분히 달군 다음 재빨리 볶아서 식히면 겉물이 돌지 않는다. 양파는 다진 다음 소금에 절였다가 물기를 꼭 짜서 볶으면 좋다.

고구마크로켓

고로케라는 일본식 이름으로 불리던 크로켓은 바삭하게 베어 먹는 프랑스요리이다.
다양한 야채의 씹히는 맛과 고구마의 달콤함이 어우러져 크로켓의 바삭한 맛을 살린다.

말린고구마고추장떡볶이

달콤하고 쫀득한 말린 고구마는 역시 달콤하고 쫀득한 떡볶이와 딱 어울린다.
고추장은 콩, 고춧가루, 보리 등의 곡류로 만들어
단백질, 지방, 비타민B₂, C, 카로틴 등의 영양분이 다양하게 함유되어 있다.
고추의 캡사이신은 지방을 태우는 성분으로 다이어트에 좋다.

재료

말린 고구마	50g
양배추	3잎
어묵	40g
양파	1/4개
대파	1/4대
다진 마늘	1/2큰술
떡볶이 떡	200g
고추장	1과 1/2큰술
설탕	1/2큰술
꿀	2큰술
후추	1/3작은술
물	2컵

1 말린 고구마는 물에 헹구고, 양배추는 말린 고구마와 같은 크기로 썬다.

2 어묵도 고구마와 같은 크기로 자른 다음 끓는 물에 데친다.

3 양파는 굵게 채 썰고, 대파는 어슷하게 썬다.

4 떡볶이 떡은 뜯어 두고, 냄비에 물, 고추장을 넣어서 끓으면 말린 고구마와
떡을 같이 넣는다.

5 설탕과 꿀을 넣고 국물이 자작해지도록 끓인다. 여기에 양파, 양배추, 어묵,
대파, 다진 마늘을 넣고 후추를 뿌려서 마무리한다.

🖊 산화된 어묵은 기름을 빼고

어묵은 튀긴 음식이라 유통되는 과정에서 기름이 산화되기 쉽다. 끓는 물에
데쳐서 산화된 기름을 뺀 다음 조리해야 건강에도 좋고 깨끗한 맛이 난다.

1 호박고구마와 자색고구마는 껍질을 벗기고 썰어서 김이 오른 찜통에서 따로따로 20분간 푹 찐다.

2 찐 고구마를 각각 체에 내린 다음 설탕 1큰술씩을 넣고 충분히 볶아 찐빵 소를 만든다.

3 분량의 밀가루와 베이킹파우더를 섞어 체에 내리고, 두유에 소금과 설탕을 섞은 다음 밀가루에 넣어서 반죽한다.

4 반죽을 둥글게 빚고 소를 넣어서 김이 오른 찜통에 넣고 20분간 찐 후 꺼내서 한 김을 내보낸 다음 젖은 면포를 얹어서 보관한다.

고구마 찐빵 소 볶기

찐빵의 소로 이용될 고구마는 체에 내린 다음 팬에 볶는다. 소에 설탕을 넣으면 질어지기 때문에 약한 불에서 수분이 없어지도록 충분히 볶아야 된다. 코팅이 잘된 팬에서 나무주걱으로 저어 가면서 눌지 않도록 볶는다.

고구마찐빵

통밀가루는 도정과 표백을 하지 않고 밀 씨눈의 영양이 그대로 있는 식품으로
체내 면역기능을 향상시켜 주고, 항산화기능이 흰 밀에 비해 두 배 이상 높아서 노화를 방지해 준다.
식이섬유도 풍부해 밀가루를 많이 먹어서 생기는 탈을 줄일 수 있다.

고구마크레페

크레페는 둥글게 만다는 뜻을 가진 프랑스식 얇은 팬케이크로 과일, 채소, 고기, 치즈 등
다양한 재료를 넣어서 말면 애피타이저, 주 요리, 디저트 모두에 다양하게 응용할 수 있다.

재료

고구마	1/2개
양상추	4잎
생크림	1/2컵
설탕	1/2큰술
올리브오일	1큰술
물	1/2컵

크레페 반죽

자색고구마가루	2큰술
밀가루	1/2컵
달걀	1개
우유	1컵
소금	1/3작은술
녹인 버터	1큰술

1 밀가루에 달걀, 우유, 녹인 버터, 소금을 넣고 묽게 반죽한 다음 체에 내려서
하룻밤 냉장한 다음 자색고구마가루를 넣어서 섞는다.

2 고구마는 굵게 채 썬 다음 팬에 올리브오일 1작은술, 물 1/2컵을 넣고 끓이
듯이 볶는다.

3 양상추는 찬물에 5분간 담갔다가 물기를 빼 놓고, 생크림 1/2컵을 거품기로
단단해지도록 친 다음 설탕 1/2큰술을 넣어 다시 쳐서 휘핑크림을 만든다.

4 팬에 기름을 조금 바르고 반죽을 지름이 8센티미터가 되도록 펴서 크레페
를 부쳐 낸 다음 식힌다.

5 크레페에 양상추를 깔고, 휘핑크림, 볶은 고구마를 넣은 다음 돌돌 말아서
반으로 잘라서 접시에 담아낸다.

🍳 냉장 숙성하는 크레페 반죽

크레페 반죽은 바로 사용하지 말고 두 시간 이상 냉장 보관해야 반죽이 찰기
가 생기고 잘 찢어지지 않는다. 시간이 충분할 경우 하룻밤 숙성한 다음 구우
면 가장 맛이 좋은 크레페가 된다. 스테인리스 프라이팬을 사용할 경우 중간
불에서 팬을 은근하게 달군 다음 기름을 두르고 부친다. 불을 세게 하면 금방
타거나 들러붙는다.

재료

고구마	1/2개
삶은 옥수수알	1컵
청·홍피망	각 1/4개씩
수제 마요네즈	1작은술
버터	1작은술
설탕	1큰술
천연 모차렐라치즈	50g

1 고구마는 깨끗하게 씻은 다음 작게 잘라서 찬물에 담가 전분을 없앤다.

2 삶은 옥수수는 끓는 물에 넣어서 한 번 데친 다음 체에 걸러서 물기를 제거하고, 피망은 작게 자른다.

3 팬에 1의 고구마와 버터 1작은술을 넣어서 볶다가 물 1컵을 넣어서 끓인다.

4 3의 고구마가 다 익었으면 꺼내서 식혔다가 옥수수, 피망, 수제 마요네즈, 설탕을 섞은 다음 철판에 담고 위에 모차렐라치즈를 얹어 180도 오븐에서 5분간 굽는다.

5 철판을 렌지의 불 위에 얹어서 마지막 수분을 충분히 없앤 다음 나무받침에 얹어서 낸다.

🖐 부드러운 옥수수알

말린 옥수수를 쓸 때는 불린 다음 충분히 삶아서 부드럽게 만들어 넣는다. 말린 옥수수는 삶는데 시간이 많이 걸리기 때문에 미리 삶아서 한 번 먹을 양 만큼 냉동해서 사용한다. 캔 옥수수를 쓸 때는 물기를 최대한 많이 빼야 구울 때 물이 적게 나온다.

고구마옥수수치즈구이

옥수수에는 탄수화물, 단백질, 비타민B1, E가 풍부하다.
옥수수의 단백질에는 필수아미노산인 리신, 트립토판의 함량이 다른 식품에 비해 적은 편이기 때문에
쌀이나 찹쌀과 섞어서 먹는 게 좋은데 고구마와도 잘 어울린다.

고구마 아이스크림

탄수화물 많은 고구마, 지방이 가득한 생크림, 단백질이 풍부한 달걀로
직접 만든 홈 메이드 아이스크림은 역시 어린이 간식으로 좋다.
단맛이 지나치지 않도록 만들면 다이어트 중에도 부담 없이 먹을 수 있다.

재료

고구마	1개
우유	1/2컵
생크림	1과 1/2컵
달걀노른자	2개
꿀	2큰술
물	2컵

1 고구마는 껍질을 벗기고 작게 잘라서 찬물에 담가 전분을 없앤 다음 냄비에 물 2컵과 같이 넣어서 국물이 거의 없어지도록 삶아서 체에 거른다.

2 1의 고구마와 우유를 섞어 갈고 여기에 생크림을 넣는다.

3 볼에 달걀노른자와 꿀을 넣어서 아이보리색이 되도록 젓가락이나 거품기로 친 다음 고구마와 우유, 생크림 섞은 것을 조금씩 넣어 가면서 섞는다.

4 볼을 냄비 위에 얹어서 중탕한다. 나무주걱으로 저어 가면서 걸쭉해지도록 중탕한 다음 천천히 저어서 식힌다.

5 용기에 담아 냉동실에서 4~5시간 얼렸다가 꺼낸 다음 수저로 긁거나, 거품기로 잘 섞은 다음 다시 얼리는 과정을 두 번 반복한다.

6 아이스크림이 완전히 얼었을 때 스쿱으로 떠서 그릇에 담아낸다.

공기층을 넣어 부드러운 아이스크림

아이스크림이 어느 정도 얼고 나면 꺼내서 중간 중간 공기를 넣어 줘야 아이스크림이 부드러워지고 맛있다. 수저나 스쿱으로 긁거나 거품기로 돌리면 쉽게 공기를 넣어줄 수 있다.

1 자색고구마는 껍질을 벗긴 다음 잘라서 김이 오른 찜통에서 푹 찐다.

2 찐 고구마는 차게 식혀서 물 3컵과 같이 넣어서 곱게 간다.

3 한천은 물에 30분 불린 다음 작게 잘라서 갈아 놓은 고구마와 같이 냄비에 넣고 약한 불에서 저어 가면서 끓여 두 컵 정도가 되도록 졸인다.

4 밤고구마는 껍질을 벗기고 사방 1센티미터 폭으로 잘라서 찬물에 담가 전분을 없앤 다음 냄비에 물 2컵과 같이 넣어서 모양이 깨지지 않을 정도로 삶아 건져서 차게 식힌다.

5 3의 자색고구마에 설탕을 넣고 미지근하게 식힌 다음 4의 밤고구마를 섞어서 네모난 틀이나 모양 틀에 붓고 냉장고에서 두 시간 굳힌 다음 먹기 좋은 크기로 썬다.

마른 한천은 충분히 불려서

한천은 가루나 흰 막대 모양으로 만들어져 제빵 전문점이나 마트에서 구입할 수 있다. 한천을 바로 끓이면 물에 잘 녹지 않고 풀어지지 않아 작은 덩어리들이 생긴다. 물에 30분간 담가 충분히 부드러워지면 잘게 잘라 끓여서 완전히 녹인다.

고구마양갱

한천은 우뭇가사리를 우려서 묵으로 만든 다음 채 썰어서 겨울에 자연 동결 건조한 것으로
칼로리가 전혀 없어 먹어도 살이 찌지 않고 고혈압, 고혈당, 콜레스테롤 수치를 떨어뜨려 준다.

믿고 살 수 있는 친환경 매장

현재 국내 친환경 농산물의 인증은 국립농산물품질관리원에서 '저농약', '무농약', '전환기', '유기농' 네 종류로 구분하여 시행하고 있다. 저농약이란 유기합성농약과 화학비료는 기준 사용량의 2분의 1을 사용하되 제초제는 전혀 사용하지 않고 재배한 것을 말하며, 무농약이란 화학비료는 기준량의 3분의 1을 사용하되 유기합성농약과 제초제를 사용하지 않고 재배한 것을 말한다. 전환기란 무농약 재배를 시작한 후 유기농 인증을 받기 전까지 이행 기간 중 재배한 것을 말하고, 유기농이란 일정 기간 화학비료와 유기합성농약을 사용하지 않고 재배한 것으로 식품첨가물을 넣지 않고 유전자조작 식품이 아닌 것을 말한다. 이러한 상품을 파는 친환경 매장으로는 어떤 곳이 있는지 정리해 보았다.

● 생활협동조합

생활협동조합법에 의해 소비자가 조합원으로 가입하여 만들어진 공동체로 일정 출자금과 조합비를 납부해야 이용할 수 있다. 대부분 인터넷으로 주문할 수 있고 일주일에 1회 배송되므로 홈페이지를 참고한다. 곡물, 채소, 과일, 축산물, 장·양념 반찬 등의 기본 품목은 모든 생협이 비슷하지만 가공식품이나 생활용품 등은 생협마다 조금씩 다르다.

한살림
02-3498-3600 www.hansalim.or.kr

한살림은 한 집에서 살림하듯 더불어 살자는 뜻. 가입비와 출자금을 내고 조합원으로 가입하면 제품을 구입할 수 있다. 100퍼센트 국내산을 판매하는 것을 원칙으로 한다. 생명, 생태, 공동체를 기치로 한살림 운동을 전개한다.

- **매장** 서울·경기 50곳, 기타 지역 60곳
- **방법** 지역생협 조합원으로 가입한 뒤 출자금과 가입비 납부(지역마다 회원 가입 절차가 약간씩 다름)
- **배송** 지역매장별 주 1~2회 공급(주문 마감일 제도)
- **품목** 기본 품목 + 두부·어묵·묵 / 수산·건어물 / 떡·빵·잼 / 면·만두·피자 / 건강식품·꿀 / 차·음료·유제품 / 과자·빙과 / 화장품 / 생활용품

아이쿱생협 (구. 한국생협연대)
1577-0178 www.icoop.or.kr

지역주민운동으로 출발한 부평생협을 모태로 1997년 경인지역생협연대를 출범한 뒤 현재 한국생협연구소를 비롯해 지역생협활동을 지원하기 위한 생협연합회와 유기농 도매시장을 운영한다.

- **매장** 서울 8곳, 경기 16곳, 기타 지역 41곳
- **방법** 지역생협 조합원으로 가입한 뒤 출자금과 조합비 납부(지역마다 조합비와 가입 절차가 약간씩 다름)
- **배송** 날마다 오후 11시 주문 마감 뒤 3일 내 배송
- **품목** 기본 품목 + 신선 가공식품 + 차·음료 / 수산물 / 건재 / 간식거리 / 건강식품 / 면·만두 / 친환경생활용품

두레생협연합회
02-3283-7290 www.dure.coop

'생협수도권연합회'를 모태로 출발. 2004년 '지역생명운동'이라는 새로운 정체성을 확립하고 '두레생협'으로 개칭했다. 생산이력시스템을 갖추고 있어 각 상품의 생산지, 생산자, 생산과정을 확인할 수 있다.

- **매장** 서울 12곳, 경기 29곳
- **방법** 지역생협에 가입한 뒤 출자금과 가입비 납부
- **배송** 지역 매장별 주 1회 공급(주문 마감일 제도)
- **품목** 기본 품목 + 가공식품 / 일일식품 / 차·음료 / 건강식품 / 생활용품 / 여름 기획 / 수산·건어물

정농생협
02-404-6247 www.jungnong.com

농민들의 모임인 정농회가 기반이 되어 운영되는 생활협동조합. 우리나라 조직적 유기농법 실천의 첫 출발점. 기존 4단계 인증을 넘어 물품에 따라 6~8단계로 기준 설정(비닐 멀칭, 퇴비의 질, 질산염, 종자, 경력 등을 종합적으로 고려).

- **매장** 서울 5곳
- **방법** 조합원으로 가입한 뒤 출자금과 가입비 납부(기본 교육 이수해야 함)
- **배송** 주 3회 공급(주문 마감일 제도)
- **품목** 기본 품목 + 두부·어묵 / 면·간식 / 가루음식·떡국 / 차·음료 / 건강보조식품 / 생활용품 / 화장품 / 천연염색 / 수산 / 건어물

콩세알을 심는 농부(풀무생협)
070-7764-9283 www.kongseal.com

6백여 명의 친환경 생산자가 주축이 되어 만든 온라인 유기농 유통매장. 오프라인 매장은 없다. 일반회원으로 가입한 뒤 이용할 수 있다. 생산지가 홍성군 홍동면 일대에 밀집되어 있다.

- **매장** 없음
- **방법** 일반회원으로 가입한 뒤 이용 가능
- **배송** 당일 오후 10시까지 입금 확인 뒤 2일 내 배송
- **품목** 기본 품목 + 가루식품 / 간식·면 / 차·음료 / 건강식품 / 환경생활용품

여성민우회생협
02-581-1675 www.minwoocoop.or.kr

한국여성민우회가 주체로 농업·환경·지역 살리기 활동을 펼쳐 왔다. 지역주민과 조합원을 대상으로 환경, 친환경 소비, 식품안전, 요리, 건강 등 강좌와 생산지 견학 및 요리, 노래, 책읽기, 영화, 생태목공 등 소모임, 생산자 1일 점장제, 여성생산자, 소비자 교류회 등을 운영한다.

- **매장** 서울·경기 12곳, 기타 지역 1곳
- **방법** 조합원으로 가입한 후 출자금과 가입비 납부
- **배송** 주 1회 공급(주문 마감일 제도)
- **품목** 기본 품목 + 우리밀제품 / 건강식품 / 환경생활용품 / 수산·건어물 / 차·음료

인드라망생협
02-576-1882 www.budcoop.com

도농 공동체운동을 통한 도시와 농촌의 친환경농산물 직거래를 구상하고 불교귀농학교를 수료한 동문들이 전국 각지에서 생산한 생산물을 공급한다.

- **매장** 전국 사찰 4곳
- **방법** 조합원으로 가입한 뒤 출자금과 가입비 납부
- **배송** 월요일 주문 마감 / 매주 목요일 발송
- **품목** 기본 품목 + 일일식품 / 간식 / 친환경생활용품 / 수산물 / 우리밀제품 / 건강식품

예장생협
02) 426-5801, 5803~4 www.yj-coop.or.kr

농촌과 도시, 자연과 인간이 함께 더불어 살아가는 건강한 세상을 이루기 위해 도시와 농촌의 크리스찬들이 손을 잡고 만든 생명공동체이다. 생활재를 받기 3일 전 오후 6시까지 인터넷이나 전화로 주문하면 지역별로 편성된 공급요일에 배송된다.

- **매장** 없음
- **방법** 조합원으로 가입한 뒤 출자금 납부
- **배송** 주 1회 공급(서울 및 수도권), 지방은 택배
- **품목** 기본 품목 + 신선식품 / 일반 가공품 / 수산물생선류 / 생활용품 / 여름생활재 / 선물용생활재 / 급식용

● 유기농 유통전문매장

생활협동조합과는 조금 다르지만 다양한 친환경 상품을 많은 지역 매장에서 만날 수 있다.
여러 가지 참여활동을 통해서 소비자가 쉽게 유기농을 접할 수 있다.

무공이네
02-441-8266 www.mugonghae.com

친환경 유기농 식품을 비롯한 친환경 생활용품을 유통하
는 곳으로 단순한 상품 유통뿐만 아니라 바른 생활문화
를 만들어가는 곳이다.

- **매장** 전국 직영점 20여 곳 / 가맹점 11곳 / 농협 아침마루 입점
- **방법** 일반회원 / 로하스 회원(가입비와 월회비 납부 시 할인율 적용)
- **배송** 서울 · 경기 일부는 당일 배송 / 그 외는 익일 배송
- **품목** 기본 품목 + 간식 · 면 / 건강식품 / 차 · 음료 / 생활잡화 / 여성 / 문구 · 완구

초록마을
080-023-0023 www.hanifood.co.kr

초록마을 인터넷 사이트와 전국 2백여 초록마을 매장을
통해 국내에서 생산되는 친환경 유기농 식품 및 환경생
활용품, 주류 등을 판매한다.

- **매장** 서울 46곳, 경기 50곳, 기타 직영점 111곳 / 가맹점 500여 곳
- **방법** 일반회원으로 가입한 뒤 구매가능
- **배송** 일반물품은 주문 뒤 익일 배송, 저온물품은 주문 이틀 뒤 배송
- **품목** 기본 품목 + 건강식품 / 간식 · 면 / 차 · 음료 / 생활용품 / 수산 · 건어물

유기농 녹색가게 신시
1644-6279 www.shinsi.com

(주)녹색세상의 유기농 유통 사업기구. 신시 매장을 시작
으로 생태마을, 녹색문화사업, 출판문화사업 등을 운영
하고 있다. 생산지 탐방 프로그램, 생태, 건강, 육아, 교육
등 다양한 분야의 정보 수록. 해외 유기농도 취급한다.

- **매장** 서울 · 경기 35곳, 기타 지역 80곳
- **방법** 일반회원으로 가입한 뒤 이용 가능
- **배송** 주 3회 공급(주문 마감일 제도) / 서울 · 경기 지역은 당일 배송
- **품목** 기본 품목 + 우리밀제품 / 간식 / 차 · 음료 / 건강식품 / 생활용품 / 수산 · 건어물

올가
080-596-0086 www.orga.co.kr

ORGANIC의 앞 네 글자를 줄인 '올가'는 풀무원에서 운
영한다. 순수 한우, 아토피 전용 식품, 친환경 소재 생활
용품 취급. 백화점과 대형할인마트 내 매장 운영, 체험상
품, 산지체험 프로그램 운영, 매월 총매출액의 0.1퍼센트
를 지구사랑기금으로 기부한다.

- **매장** 서울 · 경기 직영점 9곳, 전국 입점 매장 26곳(롯데백화점 등)
- **방법** 일반회원으로 가입한 후 구매 가능
- **배송** 서울 · 경기 지역 당일 배송 / 그 외 익일 배송
- **품목** 기본 품목 + 차 · 음료 / 건강식품 / 간식 · 면 / 생활용품 / 수산 · 건어물

유기농 미생채
02-3667-3691~3 www.misaengchae.com

www.healgreen.com

(주)GMF에서 운영하는 친환경 농산물 전문 유통점. 농
민과 1천 여 명의 약사들이 참여. 뉴질랜드의 유기농 전
문기업인 허클베리팜스&힐그린 또한 미생채가 운영한
다. 아토피 등 건강제품에 강하다.

- **매장** 미생체–전국 19곳, 힐그린–전국 7곳
- **방법** 일반회원으로 가입한 후 구매 가능
- **배송** 전일 오후 5시 30분까지 주문 뒤 익일 배송
- **품목** 기본 품목 + 화장품 · 바디용품 / 허브 · 아로마 / 아토피 / 유기농의류

한마음 유기농 쇼핑몰
0505-625-6245 www.yuginong.co.kr

호남 최초의 유기농업 단체인 한마음공동체가 주최. 한
마음자연학교, 생태유치원, 장성여성농업센터 등도 운
영한다. 지역생산자 조직 및 공동체 물류센터를 갖추고
있다.

- **매장** 전국 56곳
- **방법** 일반회원으로 가입한 뒤 구매 가능
- **배송** 입금 확인 뒤 당일 배송
- **품목** 기본 품목 + 음료 · 차 / 환경생활용품 / 자연요법용품 /
  건강식품 / 간식 · 면 / 수산 · 건어물

유기농 스토리
02-3426-6204 www.organic-story.com

국내 최초의 유기농 수입식품 전문점. IFOAM 소속체의
국제 유기농 인증을 받은 제품을 취급한다. 산모 회원 가
입시 5퍼센트 할인제를 실시한다.

- **매장** 전국 백화점 수입식품 코너 및 유기농식품 코너(현대, 신세
  계, 롯데 등)
- **방법** 인터넷은 일반회원 및 비회원 구매 가능
- **배송** 입금 확인 뒤 익일 배송
- **품목** 해외 유기농 가공식품 조미료 · 소스 / 면류 / 음료수 /
  건과 · 무슬리 등

● 유기농 직거래

생산자가 직접 운영하는 친환경 쇼핑몰 모음

팔당생명살림 팔당올가닉후드
031-576-1771 www.paldangfood.com

유기가공식품회사, 유기농업농가, 소비자, 한국여성민우
회생협, 와부농협 등이 공동으로 출자하여 설립. 팔당의
영농조합 농민들이 만들어 믿을 수 있고, 서울에서 가까
운 팔당의 유기농산물을 직접 팔당공장에서 가공한다.
빵, 쿠키, 케이크, 잼, 반찬, 효소가 주요 제품.

아미마운트
063-652-0453 www.amimount.com

산지에서 농부가 직접 보내기 때문에 신선하고 안전하
다. 과일, 채소, 곡물, 기타 건강식품들을 판매하고 농촌
관광 및 체험활동도 신청할 수 있다.

아피스
031-460-8888 www.affis.net

농림수산식품부 산하기관인 한국농림수산부의 주관으
로 이루어진 농민 직거래 온라인 장터. 농산물 임산물,
축산물, 전통가공식품 등을 판매하며 식재료와 관련된
다양한 정보를 알 수 있다. 회원 가입 후 물건을 구입할
수 있으며 배송비는 무료다.

영양장터
054-683-0689 www.yygmarket.com

경상북도 영양군에서 생산한 제품을 생산지 가격 그대로
구입할 수 있는 곳. 고추, 야콘, 기타 농산물을 생산 · 판매
한다. 농촌체험 프로그램 진행.

한농유기농마을
033-333-3999 www.hannongfarm.co.kr

지구환경회복운동 돌나라 한농복구회 산하 국내 10개
지부 가운데 하나이다. 농산물과 자연방사유정란을 생
산 · 공급. 야콘즙, 솔환, 케일분말 등 농가공식품과 숯을
이용한 건강용품도 판매한다.

두물머리농장 대지향
054-843-0501 http://www.dumul.com

두물머리농장에서 직접 재배한 유기농산물을 주원료로
야채효소 '대지향'을 생산한다. 탄산음료와 수입 오렌지
주스에 맞서 우리의 유기농 음료를 모두가 저렴하게 마
실 수 있다. 딸기따기 체험 행사를 매년 실시한다.

나에게 맞는 유기농 가게 찾기

채식인이라면?

육식에 입맛이 젖은 사람들도 채식으로 식습관을 바꾸는
데 어려움이 없도록 콩과 글루텐(밀)을 사용해서 채식고
기를 만든 제품과 달걀, 동물성 원료, 화학조미료, 방부제
가 들어가지 않는 순수한 채식 웰빙 먹을거리를 제공한다.

베지푸드 www.vegefood.co.kr　**해바라기** ww.62nong.org
베지월드 www.vegeworld.net　**채식사랑비즌** www.vegn.co.kr
베지랜드 www.vegeland.com　**베지테리아** vegeteria.co.kr

직접 보고 사야 안심된다면?

온라인에서 직접 사는 것은 믿을 수 없다. 지역 매장에서
꼼꼼히 살펴보고 장을 보는 세심형이라면 살고 있는 지
역에서 가까운 곳에 친환경 매장이 있는지 살펴본다.

- 아이쿱생협, 한살림, 두레생협, 정농생협, 여성민우회생협, ECO
  생협
- 무공이네, 초록마을, 올가, 미생채, 한마음유기농쇼핑몰, 유기농
  녹색가게 신시, 유기농 스토리, 온라인 유기농도매센터, 총각네
  야채가게

싱글에게 딱 좋은 매장은?

싱글은 적은 양을 파는 곳이 딱 좋다. 자주 장을 보지 않
고 한번 장을 보면 냉장고에 넣어 오래 두고 먹는 이에게
소량 포장으로 판매하는 친환경 매장을 추천한다.

무공이네 www.mugonhae.com　**힐그린** www.haelgreen.com
농군마을 www.canaanmall.com　**이팜** www.efarm.co.kr
미생채 www.misaengchae.com　**올가** www.orga.co.kr

아이가 있는 집이라면?

아이가 있는 곳은 더더욱 먹을거리, 입을거리, 생활용품
에 신경 쓰게 마련이다. 먹을거리뿐만 아니라 아이에게
필요한 각종 분유, 이유식, 기저귀, 유아화장품, 장난감 등
친환경물품을 판매하는 곳을 소개한다.

유기스토어 www.62store.com　**신시** www.shinsi.com
해가온 www.hegaon.com　**힐그린** www.healgreen.com
미생채 www.misaengchae.com

구입하는 것으로만 만족 못해!

생태환경운동에 관심이 있고 소비자와 생산자의 건강한
관계를 꿈꾸는 분들에게 생활협동조합을 추천한다. 조합
원 신분으로 생산과 유통 과정에 함께 참여할 수 있으며
소비자인 조합원이 농산물의 품질을 인증하는 '자주인증
제도'를 시행하는 곳도 있다. 보통 조합원들에게 다양한
교육과 활동을 제공한다.

두레생협 www.dure.coop
한살림 www.hansalim.or.kr
아이쿱생협 www.icoop.or.kr
여성민우회생협 www.minwoocoop.or.kr

산지체험에 가고픈 활동형

생산지 탐방과 주말농장, 논농사 체험 같은 생산 과정에
함께하거나 정월대보름, 단오, 가을걷이 등 절기별 축제
를 하는 곳이다. 요리, 생태목공, 건강과 관련된 교육강좌
와 지역회원 모임도 진행한다.

두레생협 www.dure.coop
콩세알 www.kongseal.com
여성민우회생협 www.minwoocoop.or.kr
인드라망생협 www.budcoop.com
신시 www.shinsi.com
무공이네 www.mugonghae.com
올가 www.orga.co.kr
한마음공동체 www.yuginong.co.k
한살림 www.hansalim.or.kr

아토피 벗어던지고파~

대개 친환경 매장은 먹을거리가 중심이지만 매끈한 피부
와 건강한 몸을 가꾸고 싶은 몸짱형을 위한 건강용품 및
생활용품이 많은 곳도 있다.

미생채 www.misaengchae.com
웰빙지기 www.wbzigi.co.kr
신시 www.shinsi.com
여성민우회생협 www.minwoocoop.or.kr

온 가족이 가뿐하게
저칼로리 고구마 밥상 50가지

| 펴낸날 | 초판 1쇄 2009년 11월 05일 |
| | 초판 2쇄 2010년 3월 30일 |

지은이	김외순
펴낸이	심만수
펴낸곳	(주)살림출판사
출판등록	1989년 11월 1일 제9-210호

경기도 파주시 교하읍 문발리 파주출판도시 522-1
전화 031)955-1350   팩스 031)955-1355
기획·편집 031)955-4679
http://www.sallimbooks.com
lohas@sallimbooks.com

ISBN 978-89-522-1275-7 13590

※ 값은 뒤표지에 있습니다.
※ 잘못 만들어진 책은 구입하신 서점에서 바꾸어 드립니다.

책임편집 윤주용

하루에 한 개씩!
색다르게 즐기는 고구마 요리

구워 먹고 삶아 먹는 친근한 식재료 고구마. 구황작물의 하나인 고구마는
담백한 단맛에 탄수화물, 칼륨, 칼슘, 무기질, 비타민 등이 풍부하여 건강식품으로
새롭게 각광받고 있습니다. 섬유질이 풍부해 배변과 대사를 원활히 하고
미세혈관의 모든 노폐물을 청소하는 데도 탁월하지요.
조리법이나 함께 넣는 재료에 변화를 주면 반찬, 일품요리, 간식 등
다양하고 화려한 요리로 변신시킬 수 있습니다.
– 대경대학 호텔조리학부 호텔조리학과 김형렬 교수